手をつないで、ゴールをめざせ！

8 よこつなぎシールをはるよ。

9 たてつなぎシールをはるよ。

JN041003

スタート
START

← よこつなぎシールをはろう

1 2 3 4 5 6 7 8

44 45 46 47 48 49 50 51 9

43 | 78 79 80 81 82 52 10

たてつなぎシールをはろう →

42 77 53 11

41 76 83 54 12

40 75 ゴール GOAL 84 55 13

39 74 85 14

38 73 86 56 15

37 72 95 87 57 16

36 71 94 88 58 17

35 70 93 89 59 18

34 60 19

33 69 92 91 90 61 20

32 68 67 66 65 64 63 62 21

31 30 29 28 27 26 25 24 23 22

学ぶ人は、
変えて
ゆく人だ。

目の前にある問題はもちろん、

人生の問いや、社会の課題を自ら見つけ、

挑み続けるために、人は学ぶ。

「学び」で、少しずつ世界は変えてゆける。

いつでも、どこでも、誰でも、

学ぶことができる世の中へ。

旺文社

このドリルの特長と使い方

このドリルは，「苦手をつくらない」ことを目的としたドリルです。単元ごとに「問題の解き方を理解するページ」と「くりかえし練習するページ」をもうけて，段階的に問題の解き方を学ぶことができます。

① **りかい**

問題の解き方を理解する
ページです。問題の解き方のヒントが載っていますので，これにそって問題の解き方を学習しましょう。
大事な用語は **おぼえよう** として載せています。

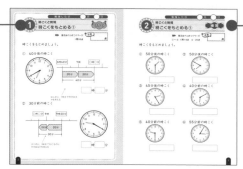

② **練習**

「理解」で学習したことを身につけるために，くりかえし練習するページです。「理解」で学習したことを思い出しながら問題を解いていきましょう。

③ **◇チャレンジ◇** 間違えやすい問題は，別に単元を設けています。こちらも「理解」→「練習」と段階をふんでいますので，重点的に学習することができます。

もくじ

編集／内山嘉子　編集協力／有限会社マイプラン 片田夕美　校正／山下聡　装丁デザイン／株式会社ウエイド 木下春圭
装丁イラスト／松本麻希　シールイラスト／北田哲也　本文デザイン／ハイ制作室 若林千秋　本文イラスト／西村博子

 時こくと時間
時こくをもとめる①

りかい

▶▶▶　答えはべっさつ1ページ　点数

1問50点

点

時こくをもとめましょう。

① 40分後の時こく

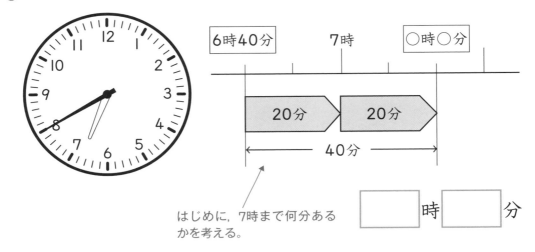

6時40分　　　7時　　　○時○分

20分　20分

40分

はじめに，7時まで何分ある
かを考える。

時　　分

② 30分前の時こく

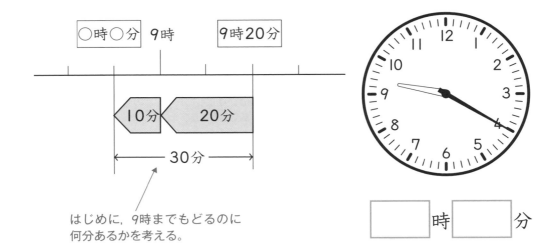

○時○分　9時　　9時20分

10分　20分

30分

はじめに，9時までもどるのに
何分あるかを考える。

時　　分

② 時こくと時間
時こくをもとめる①

 答えはべっさつ1ページ ★点数★

①〜⑤：1問16点　⑥：20点

点

時こくをもとめましょう。

① 50分後の時こく

② 50分後の時こく

③ 45分後の時こく

④ 40分前の時こく

⑤ 40分前の時こく

⑥ 55分前の時こく

3 時こくと時間
時こくをもとめる②

りかい

▶▶▶ 答えはべっさつ1ページ

1問50点

★ 点数 ★

　　　　　　点

時こくをもとめましょう。

① 1時間20分後の時こく

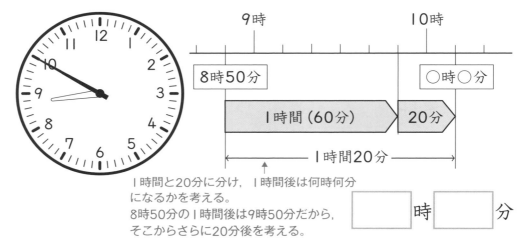

1時間と20分に分け，1時間後は何時何分になるかを考える。
8時50分の1時間後は9時50分だから，そこからさらに20分後を考える。

　　　　　時　　　　　分

② 1時間30分前の時こく

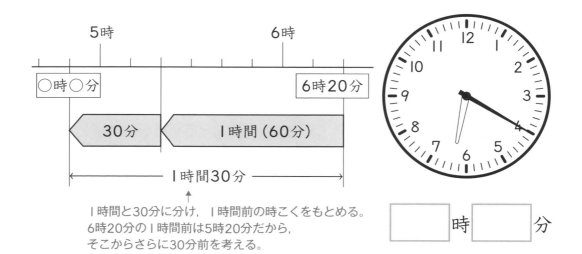

1時間と30分に分け，1時間前の時こくをもとめる。
6時20分の1時間前は5時20分だから，そこからさらに30分前を考える。

　　　　　時　　　　　分

時こくと時間
時こくをもとめる②

練習

▶▶▶　答えはべっさつ1ページ

点数

①～⑤：1問16点　⑥：20点

点

時こくをもとめましょう。

① 1時間40分後の時こく　　② 1時間40分後の時こく

③ 2時間25分後の時こく　　④ 1時間20分前の時こく

⑤ 1時間20分前の時こく　　⑥ 2時間15分前の時こく

5 時こくと時間
時間をもとめる

▶▶▶ 答えはべっさつ1ページ

点数

1問50点

点

時間をもとめましょう。

①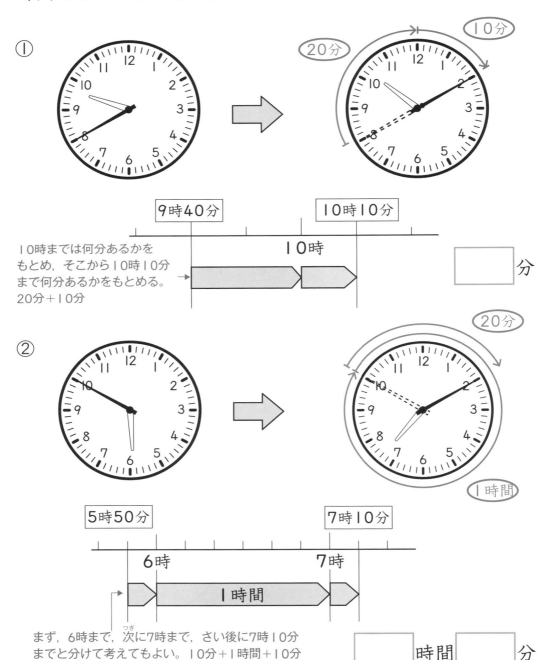

9時40分　　　10時10分

10時

10時までは何分あるかを
もとめ，そこから10時10分
まで何分あるかをもとめる。
20分＋10分

分

②

5時50分　　　　7時10分

6時　　　7時

1時間

まず，6時まで，次に7時まで，さい後に7時10分
までと分けて考えてもよい。10分＋1時間＋10分

時間　　分

6 時こくと時間
時間をもとめる

▶▶▶ 答えはべっさつ2ページ 点数

①〜⑥：1問12点　⑦, ⑧：1問14点

点

時間をもとめましょう。

①
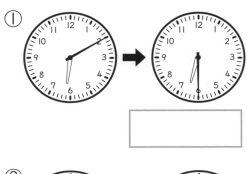

②
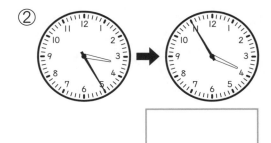

③
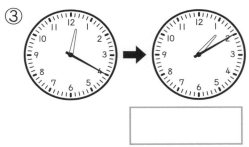

④
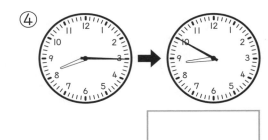

⑤
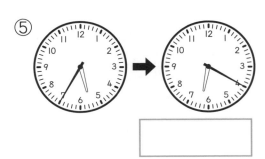

⑥
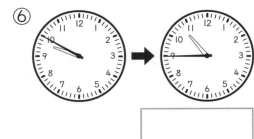

⑦
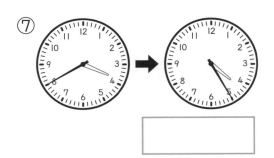

⑧
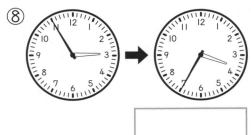

時こくと時間
時間をもとめる

▶▶▶　答えはべっさつ2ページ　★点数★

①～⑥：1問12点　⑦,⑧：1問14点

点

時間をもとめましょう。

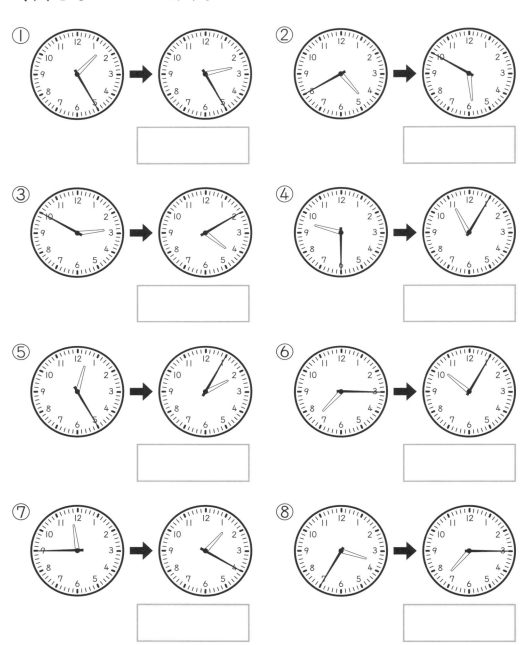

8 時こくと時間
短い時間

▶▶▶　答えはべっさつ2ページ　★点数★

①, ②：1問10点　③～⑥：1問20点

点

^{びょう}
秒と分について答えましょう。

① 1分 = ☐ 秒 ← 1分は60秒。

② 1分10秒 = ☐ 秒 + 10秒 = ☐ 秒 ← 1分は60秒。60秒と10秒をあわせる。

③ 1分40秒 = ☐ 秒 + 40秒 = ☐ 秒 ← 1分は60秒。60秒と40秒をあわせる。

④ 2分 = ☐ 分 + 1分

= ☐ 秒 + ☐ 秒 = ☐ 秒

60秒と60秒をあわせる。

⑤ 80秒 = ☐ 秒 + 20秒 ← 60秒は1分。のこりは20秒。

= ☐ 分 ☐ 秒

⑥ 95秒 = 60秒 + ☐ 秒 ← 60秒は1分。のこりは35秒。

= ☐ 分 ☐ 秒

 **9**

時こくと時間
短い時間

 練 習

▶▶▶　答えはべっさつ2ページ　 点数

1問10点

点

^{びょう}
秒と分について □ にあてはまる数を書きましょう。

① 1分5秒 = □ 秒

② 1分20秒 = □ 秒

③ 1分50秒 = □ 秒

④ 2分20秒 = □ 秒

⑤ 3分45秒 = □ 秒

⑥ 75秒 = □ 分 □ 秒

⑦ 105秒 = □ 分 □ 秒

⑧ 130秒 = □ 分 □ 秒

⑨ 170秒 = □ 分 □ 秒

⑩ 195秒 = □ 分 □ 秒

10 時こくと時間のまとめ

速さくらべ

▶▶▶ 答えはべっさつ2ページ

4人が同じ道を走り，タイム（時間）をはかりました。
ゴールまでのタイム（時間）が速いじゅんに □ に
名前を書きましょう。

125秒
あゆみ

2分45秒
じろう

150秒
よしこ

1分50秒
けんじ

速いじゅんに

　→　　　　→　　　　→

11 円と球
円①

りかい

▶▶▶　答えはべっさつ3ページ

1問25点

点数　　　　　　　　点

次の長さをもとめましょう。

① 直径 _{ちょっけい}

3 ㎝

← 半径が3㎝なので，
直径は，3㎝×2

☐ ㎝

② 直径

2 ㎝

← 半径が2㎝
直径は，2㎝×2

☐ ㎝

③ 半径 _{はんけい}

2 ㎝

← 半径は直径の半分。
2㎝÷2

☐ ㎝

④ 半径

10 ㎝

← 直径が10㎝
半径は，10㎝÷2

☐ ㎝

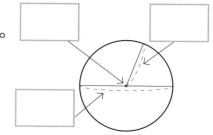

おぼえよう！

● 直径の長さは半径の ☐ 倍 _{ばい} です。

● 直径どうしは，円の ☐ で交

わります。

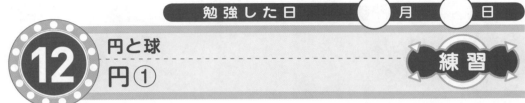

12 円と球
円①

▶▶▶ 答えはべっさつ3ページ

点数 | 点

1問20点

1 直径は何 cm ですか。

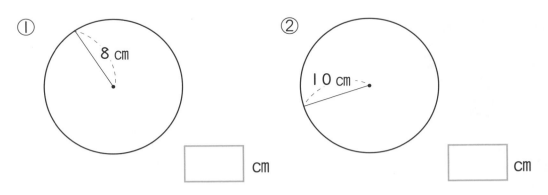

① 8 cm

[ ] cm

② 10 cm

[ ] cm

2 半径は何 cm ですか。

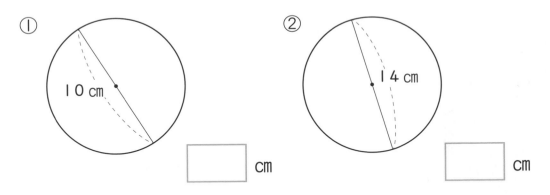

① 10 cm

[ ] cm

② 14 cm

[ ] cm

3 円の中にある3本の直線の中で，直径はどれですか。

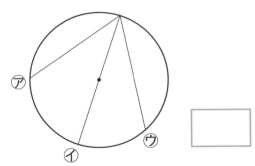

ア イ ウ

[ ]

13 円と球
円②

りかい

▶▶▶　答えはべっさつ3ページ　　★点数★

1問50点

　　　　　　　　　　　　　点

コンパスを使って，右に円をかきましょう。

① 半径4cm

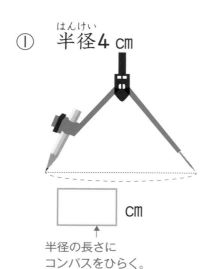

・ ←中心にコンパス
　のはりをさす。

◯◯ cm

↑
半径の長さに
コンパスをひらく。

② 直径6cm

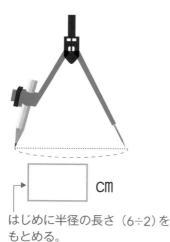

・ ←中心にコンパス
　のはりをさす。

◯◯ cm

はじめに半径の長さ（6÷2）を
もとめる。

14 円と球

円②

▶▶▶　答えはべっさつ3ページ

点数

1問25点

点

コンパスを使って，下に円をかきましょう。

① 半径2㎝

② 半径3㎝

・

・

③ 直径4㎝

④ 直径2㎝

・

・

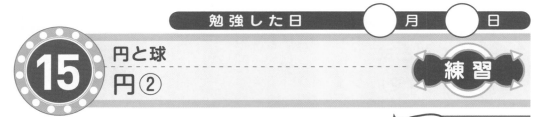

15 円と球
円②

練習

▶▶▶ 答えはべっさつ3ページ

点数

点

1問50点

コンパスを使って，同じもようをかいてみましょう。

①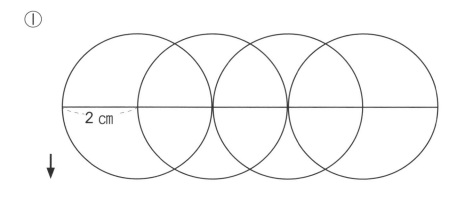

2 cm

②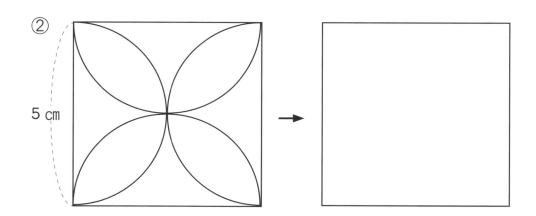

5 cm

16 円と球
コンパスを使った長さくらべ

▶▶▶ 答えはべっさつ4ページ

点数

1問50点

点

コンパスを使って，線の長さをくらべましょう。

① あ と い では，どちらの線のほうが長いですか。

あ

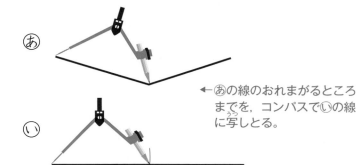

← あの線のおれまがるところ
までを，コンパスでいの線
に写しとる。

い

② う と え では，どちらの線のほうが長いですか。

う

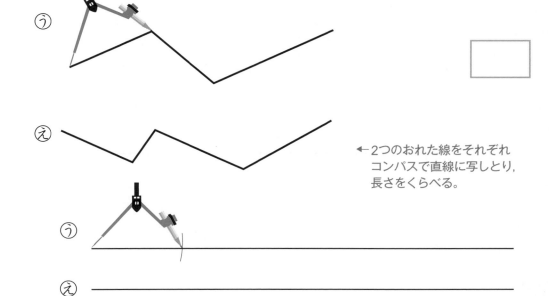

え

← 2つのおれた線をそれぞれ
コンパスで直線に写しとり，
長さをくらべる。

う

え

▶▶▶　答えはべっさつ4ページ　点数　★

点

1問50点

コンパスを使<ruby>っ<rt>つか</rt></ruby>て，線の長さをくらべましょう。

① ⓐとⓑでは，どちらのほうが長いですか。

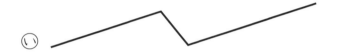

② ⓒ〜ⓔの中で，いちばん長い線はどれですか。

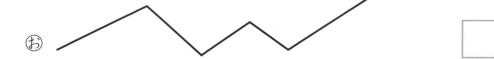

18 円と球
球

りかい

▶▶▶ 答えはべっさつ4ページ

点数 ★ ★   点

1問20点

次の長さをもとめましょう。

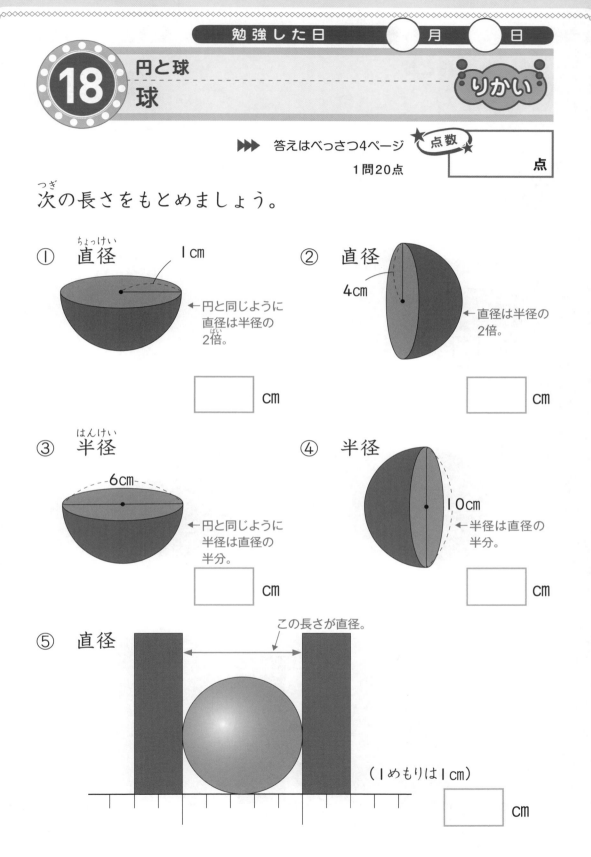

① 直径 _{ちょっけい} ┃cm

← 円と同じように
直径は半径の
2倍。

☐ cm

② 直径 4cm

← 直径は半径の
2倍。

☐ cm

③ 半径 _{はんけい} -6cm-

← 円と同じように
半径は直径の
半分。

☐ cm

④ 半径 ┃0cm

← 半径は直径の
半分。

☐ cm

⑤ 直径

この長さが直径。

（1めもりは1cm）

☐ cm

19

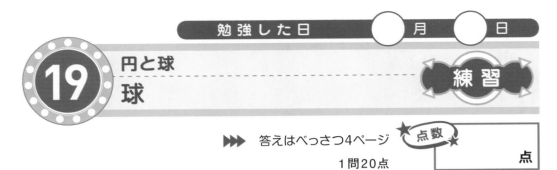

19 円と球
球

▶▶▶ 答えはべっさつ4ページ

点数

点

1問20点

次の長さをもとめましょう。

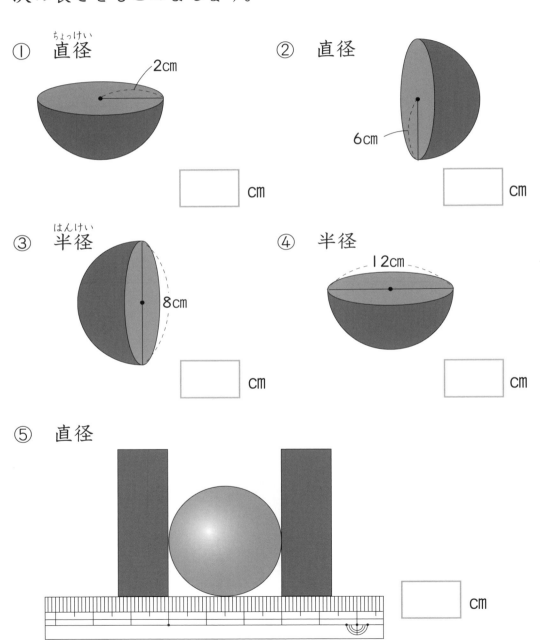

① 直径

2cm

◯ cm

② 直径

6cm

◯ cm

③ 半径

8cm

◯ cm

④ 半径

12cm

◯ cm

⑤ 直径

◯ cm

円と球のまとめ

20 たからさがし

▶▶ 答えはべっさつ4ページ

コンパスを使って，たからさがしをしましょう。
点**ア〜オ**のどこかにあるよ！

ヒント
① 点 **あ** からはかると，点 **い** より遠い。
② 点 **う** からはかると，点 **い** より近い。

まずは，ヒント①に
あてはまる点を
見つけよう。

21 一億までの数
万の位，億の位

▶▶▶　答えはべっさつ4ページ

1問20点

1 次の数をよみましょう。

① **32945**
一万の位　千の位　百の位　十の位　一の位

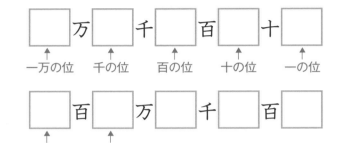

	万		千		百		十		

一万の位　　千の位　　百の位　　十の位　　一の位

② **2042603**
百万の位　十万の位　一万の位

	百		万		千		百	

百万の位　　一万の位

③ **190450600**
一億の位　千万の位　百万の位　十万の位

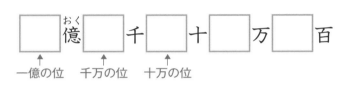

	億		千		十		万		百

一億の位　　千万の位　　十万の位

2 数字で書きましょう。

① 五万三千四百十一

[　　　　　　]

5				
一万の位	千の位	百の位	十の位	一の位

位にあてはまる数を書きましょう

② 六千九百万七千

[　　　　　　]

6							
千万の位	百万の位	十万の位	一万の位	千の位	百の位	十の位	一の位

一億までの数
万の位，億の位

 練習

▶▶▶ 答えはべっさつ5ページ

1問10点

1 次の数をよみましょう。

① 3613940

② 18304602

③ 20074005

④ 70003437

⑤ 100050000

2 数字で書きましょう。

① 四万七千百二十六

② 三百二十四万五千

③ 九千二十万六千

④ 一億八百万

⑤ 一億二千七百五万六百

23 一億までの数
数のしくみ

りかい

大きな数のしくみを考えましょう。

① 千万を3こ，百万を8こ，一万を5こ，千を2こあわせ

た数は ＿＿＿＿＿＿＿＿＿ です。

千万の位	百万の位	十万の位	一万の位	千の位	百の位	十の位	一の位

←位にあてはまる数を
書こう。

② 一万を12こ集めた数は ＿＿＿＿＿＿＿＿＿ です。

一万を10こ集めると十万。

③ 一万を100こ集めた数は ＿＿＿＿＿＿＿＿＿ です。

一万を10こ集めると十万。
100こ集めるとどうなるか考える。

④ 1800000は，一万を ＿＿＿ こ集めた数です。

百万と八十万をあわせた数。
百万は一万を100こ，八十万は一万を80こ集めた数。

⑤ 25000は，千を ＿＿＿ こ集めた数です。

二万と五千をあわせた数。
二万は千を20こ，五千は千を5こ集めた数。

24　一億までの数
数のしくみ

練習

▶▶▶　答えはべっさつ5ページ

点数　★

点

①〜⑤：1問16点　⑥：20点

大きな数のしくみを考えましょう。

①　千万を9こ，十万を8こ，百を7こあわせた数はいくつですか。

②　千万を3こ，百万を1こ，千を6こ，十を5こあわせた数はいくつですか。

③　一万を36こ集めた数はいくつですか。

④　千を205こ集めた数はいくつですか。

⑤　150000は，一万をいくつ集めた数ですか。

⑥　2720000は，一万をいくつ集めた数ですか。

25

25 一億までの数
大きな数の大小

▶▶▶ 答えはべっさつ5ページ

 点数

点

1 1問20点　2 1問15点

1 大きいほうの数を書きましょう。

① 8880000 , 66660000

	8	8	8	0	0	0	0
6	6	6	6	0	0	0	0

↑一の位からそろえてならべる。けた数の多いほうが大きい。

② 4230694 , 4203694

4	2	3	0	6	9	4
4	2	0	3	6	9	4

↑数字がちがう位の数の大小をくらべる。

2 ☐ にあてはまる不等号 (>, <) を書きましょう。

小 < 大
大 > 小

① 42000 ☐ 41900 ←大きい位からじゅんにくらべる。

② 515000 ☐ 510500 ←大きい位からじゅんにくらべる。

③ 160000−30000 ☐ 140000

④ 60万 ☐ 100万−50万　計算して, 左右の数をくらべる。

 一億までの数
大きな数の大小

 練 習

▶▶▶ 答えはべっさつ5ページ

1問10点

1 大きいほうの数を答えましょう。

① 20500 , 19900

② 100900 , 109000

③ 650000 , 580000

④ 3940000 , 3890000

2 □にあてはまる等号（＝），不等号（＞，＜）を書きましょう。

① 9900 □ 10200

② 68900 □ 69000

③ 4200000 □ 4000000＋100000

④ 370万 □ 307万

⑤ 80万 □ 25万＋55万

⑥ 510万－120万 □ 490万

27 一億までの数
数直線

▶▶▶ 答えはべっさつ5ページ

①～⑤：1問16点　⑥：20点

点

数直線から大きな数をよみとりましょう。

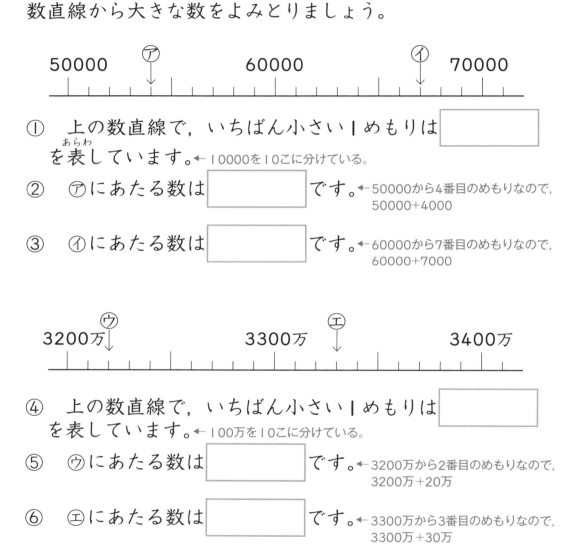

① 上の数直線で，いちばん小さい1めもりは [　　　] を表しています。← 10000を10こに分けている。

② ⑦にあたる数は [　　　] です。← 50000から4番目のめもりなので，50000+4000

③ ⑦にあたる数は [　　　] です。← 60000から7番目のめもりなので，60000+7000

④ 上の数直線で，いちばん小さい1めもりは [　　　] を表しています。← 100万を10こに分けている。

⑤ ⑦にあたる数は [　　　] です。← 3200万から2番目のめもりなので，3200万+20万

⑥ ⑦にあたる数は [　　　] です。← 3300万から3番目のめもりなので，3300万+30万

数直線

28 一億までの数

練 習

▶▶▶ 答えはべっさつ5ページ
1問10点

点数

点

数直線から大きな数をよみとりましょう。

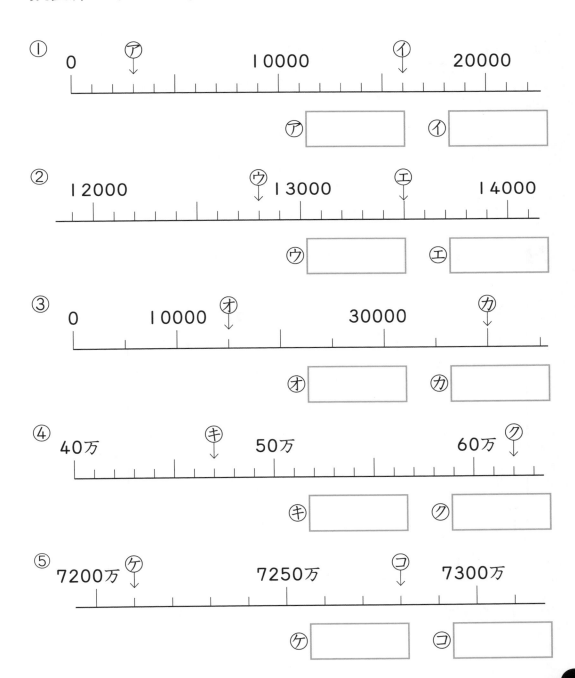

一億までの数
10倍, 100倍, 1000倍した数  りかい

▶▶▶ 答えはべっさつ6ページ  点数

点

1 1問20点   2 1問15点

1 次の数を10倍した数をもとめましょう。

① 72

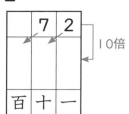

10倍 [   ]

② 230

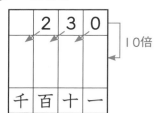

10倍 [   ]

2 次の数を100倍, 1000倍した数をもとめましょう。

① 15

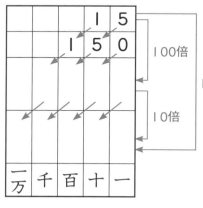

100倍 [   ]

1000倍 [   ]

② 382

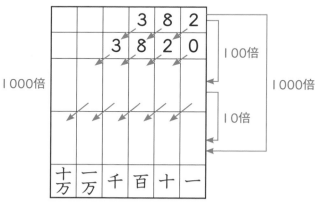

100倍 [   ]

1000倍 [   ]

30 一億までの数
10倍, 100倍, 1000倍した数

練習

▶▶▶ 答えはべっさつ6ページ ★点数★

1 1問7点 **2** 1問6点

点

1 次の数を10倍した数をもとめましょう。

① 20

② 45

③ 591

④ 720

2 次の数を100倍, 1000倍した数をもとめましょう。

① 80　　100倍　　　　　　1000倍

② 49　　100倍　　　　　　1000倍

③ 400　　100倍　　　　　　1000倍

④ 608　　100倍　　　　　　1000倍

⑤ 1000　　100倍　　　　　　1000倍

⑥ 1920　　100倍　　　　　　1000倍

31 一億までの数
10でわった数

りかい

▶▶▶ 答えはべっさつ6ページ

点数
1問25点

点

次の数を10でわった数をもとめましょう。

① 400

4	0	0
百	十	一

10でわる

← 一の位が0の数を
10でわると, 位が
1つずつ下がり,
一の位の0をとった数
になる。

② 720

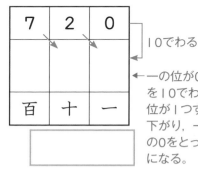

7	2	0
百	十	一

10でわる

← 一の位が0の数
を10でわると,
位が1つずつ
下がり, 一の位
の0をとった数
になる。

③ 5420

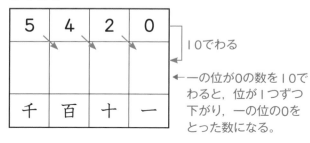

5	4	2	0
千	百	十	一

10でわる

← 一の位が0の数を10でわると, 位が1つずつ下がり, 一の位の0をとった数になる。

④ 68010

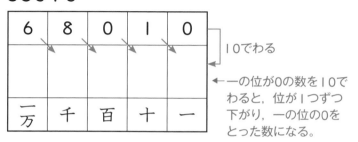

6	8	0	1	0
一万	千	百	十	一

10でわる

← 一の位が0の数を10でわると, 位が1つずつ下がり, 一の位の0をとった数になる。

一億までの数
10でわった数

▶▶▶ 答えはべっさつ6ページ

点数

1問10点

点

次の数を10でわった数をもとめましょう。

① 60

② 120

③ 300

④ 560

⑤ 880

⑥ 980

⑦ 1150

⑧ 4200

⑨ 6090

⑩ 15000

33 一億までの数
大きな数の計算

りかい

▶▶▶ 答えはべっさつ6ページ ★点数★

点

①〜⑥：1問12点　⑦, ⑧：1問14点

大きな数の計算をしましょう。

①　70000＋40000＝ [　　　　　] ← 10000が，7+4=11

②　380000＋50000＝ [　　　　　] ← 10000が，38+5=43

③　90000－30000＝ [　　　　　] ← 10000が，9−3=6

④　260000－80000＝ [　　　　　] ← 10000が，26−8=18

⑤　4万＋6万＝ [　　　　　] ← 1万が，4+6=10

⑥　63万＋18万＝ [　　　　　] ← 1万が，63+18=81

⑦　50万－42万＝ [　　　　　] ← 1万が，50−42=8

⑧　92万－8万＝ [　　　　　] ← 1万が，92−8=84

一億までの数
大きな数の計算

▶▶▶ 答えはべっさつ6ページ

点数

1問10点

点

大きな数の計算をしましょう。

① 5000＋6000

② 60000＋70000

③ 15000＋8000

④ 80000－20000

⑤ 33000－16000

⑥ 9万＋2万

⑦ 47万＋6万

⑧ 5万－2万

⑨ 64万－51万

⑩ 72万－8万

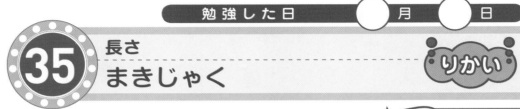

35 長さ
まきじゃく

りかい

▶▶▶ 答えはべっさつ7ページ

点数 ◯ ◯

点

11問12点 **2**1問14点

1 次のまきじゃくで，⑦～⑰のめもりが表す長さをよみましょう。

①

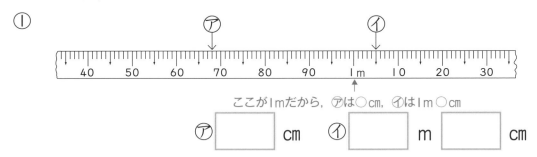

ここが1mだから，⑦は◯cm，⑦は1m◯cm

⑦ [　　] cm　　⑦ [　　] m [　　] cm

②

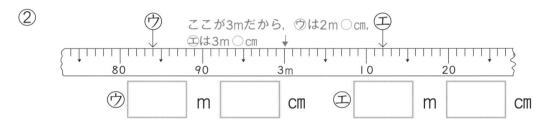

ここが3mだから，⑨は2m◯cm，⑤は3m◯cm

⑨ [　　] m [　　] cm　　⑤ [　　] m [　　] cm

③

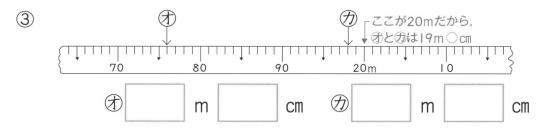

ここが20mだから，⑦と⑰は19m◯cm

⑦ [　　] m [　　] cm　　⑰ [　　] m [　　] cm

2 次のまきじゃくで，①，②の長さを表すめもりに ↓ を書きましょう。

①　5m15cm　　　②　4m83cm

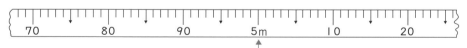

①5m15cmはここより右，4m83cmはここより左になる。

36 長さ
まきじゃく

▶▶▶ 答えはべっさつ7ページ

点数　　　　　　　点

1 1問12点　2 1問14点

1 次のまきじゃくで，⑦〜⑰のめもりが表す長さをよみましょう。

①

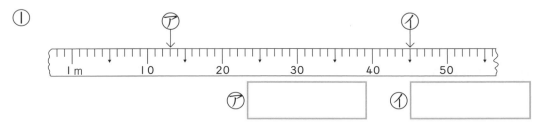

⑦ ［　　　　　］　　　⑦ ［　　　　　］

②

⑰ ［　　　　　］　　　⑦ ［　　　　　］

③

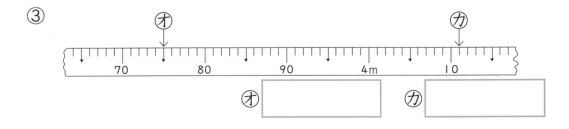

⑦ ［　　　　　］　　　⑰ ［　　　　　］

2 次のまきじゃくで，①，②の長さを表すめもりに↓を書きましょう。

①　7m95cm　　　②　8m22cm

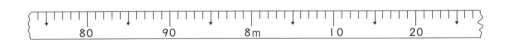

37 長さ
長い長さ

りかい

▶▶▶ 答えはべっさつ7ページ ★点数★

①, ②：1問10点　③〜⑥：1問20点

| | 点 |

☐ にあてはまる数を書きましょう。

① 1000 m ＝ ☐ km

② 1800 m ＝ ☐ m ＋ 800 m
　　　　＝ ☐ km ☐ m
　　　　　　　　　1000m＝1km

③ 1090 m ＝ ☐ m ＋ 90 m
　　　　＝ ☐ km ☐ m
　　　　　　　　　1000m＝1km

④ 2 km ＝ ☐ m

⑤ 1 km 100 m ＝ ☐ m ＋ 100 m
　1km＝1000m
　　　　＝ ☐ m

⑥ 2 km 600 m ＝ ☐ m ＋ 600 m
　　　　＝ ☐ m

38 長さ

長い長さ

練習

▶▶▶ 答えはべっさつ7ページ

点数

1問10点

点

にあてはまる数を書きましょう。

① 3000 m = ☐ km

② 1700 m = ☐ km ☐ m

③ 2200 m = ☐ km ☐ m

④ 3060 m = ☐ km ☐ m

⑤ 1920 m = ☐ km ☐ m

⑥ 5 km = ☐ m

⑦ 1 km 400 m = ☐ m

⑧ 3 km 100 m = ☐ m

⑨ 4 km 50 m = ☐ m

⑩ 9 km 640 m = ☐ m

 長さ
長さの計算

 りかい

▶▶▶　答えはべっさつ7ページ

 点数

点

①〜⑥：1問12点　⑦, ⑧：1問14点

長さの計算をしましょう。

① 470 m ＋ 300 m = ☐ m ← (470＋300) m

② 520 m ＋ 490 m = ☐ m ← (520＋490) m

= ☐ km ☐ m

↑ 1010m＝1000m＋10m

③ 680 m － 290 m = ☐ m ← (680－290) m

④ 1 km 200 m ＋600 m = ☐ km ☐ m

同じたんいどうしでたす。

⑤ 1 km 100 m ＋1 km 200 m = ☐ km ☐ m

同じたんいどうしでたす。

⑥ 1 km 800 m － 600 m = ☐ km ☐ m

⑦ 2 km － 200 m = ☐ km ☐ m

↑ 2km＝2000m

⑧ 3 km 500m － 600 m = ☐ km ☐ m

↑ 3km＝3000m

40 長さ
長さの計算

 練 習

▶▶▶ 答えはべっさつ7ページ

 点数

1問10点

点

長さの計算をしましょう。1000 m をこえるときは,
□ km □ m と答えましょう。

① 500 m ＋ 500 m

② 1300 m ＋ 700 m

③ 1500 m － 400 m

④ 2600 m － 1400 m

⑤ 1 km 300 m ＋ 600 m

⑥ 2 km 200 m ＋ 1 km 300 m

⑦ 2 km 700 m ＋ 1 km 300 m

⑧ 1 km 900 m － 700 m

⑨ 1 km 300 m － 700 m

⑩ 2 km 200 m － 500 m

41 長さ
長さの計算

 練 習

▶▶▶ 答えはべっさつ7ページ
1問10点

 点数

点

長さの計算をしましょう。1000 m をこえるときは，
□ km □ m と答えましょう。

① 380 m ＋ 550 m

② 810 m － 640 m

③ 1 km － 350 m

④ 2 km 300 m ＋ 1 km 600 m

⑤ 5 km 150 m ＋ 3 km 850 m

⑥ 3 km 50 m ＋ 3 km

⑦ 4 km 80 m － 1 km

⑧ 3 km 800 m － 1 km 400 m

⑨ 3 km 400 m － 2 km 700 m

⑩ 1 km 600 m ＋ 1060 m

長さ
長さの問題

りかい

▶▶▶ 答えはべっさつ8ページ

①，②：1問35点　③：30点

地図からきょりや道のりをもとめましょう。

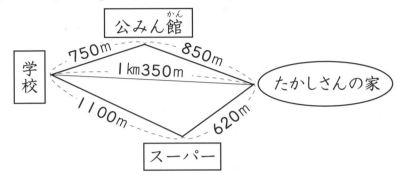

① たかしさんの家から，スーパーの前を通って，学校まで行く道のりは [　　] km [　　] m です。←620mと1100mをあわせた長さ。

② たかしさんの家から，公みん館の前を通って，学校まで行く道のりは [　　] km [　　] m です。←850mと750mをあわせた長さ。

③ たかしさんの家から学校までのきょりは [　　] m です。

道にそった長さではなく，まっすぐにはかった長さ。

!おぼえよう!

● 道にそってはかった長さを [　　　　] といいます。

● まっすぐにはかった長さを [　　　　] といいます。

43 長さ
長さの問題

▶▶▶ 答えはべっさつ8ページ

1問25点

点数

点

地図からきょりや道のりをもとめましょう。

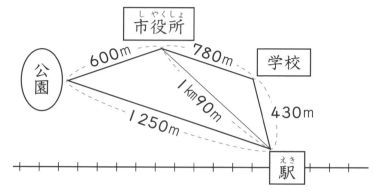

① 駅から，学校の前を通って，市役所まで行く道のりは

　　　　　 km 　　　　　 m です。

② 駅から，公園の前を通って，市役所まで行く道のりは

　　　　　 km 　　　　　 m です。

③ 駅から市役所までの道のりは，学校の前を通ったほう

　が公園の前を通るより 　　　　　 m 近いです。

④ 駅から市役所までのきょりは 　　　　　 m です。

長さのまとめ

44 トンネルの長さ

▶▶▶ 答えはべっさつ8ページ

5つのトンネルがあります。トンネルの長さを
全部あわせると，ちょうど5kmになります。
3番目のトンネルの長さはどれだけですか。

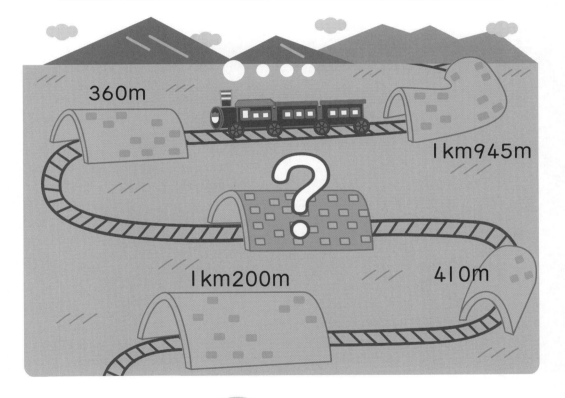

360m

1km945m

?

1km200m

410m

3番目のトンネルの長さは

だ!!

三角形
二等辺三角形

りかい

▶▶▶ 答えはべっさつ8ページ

点数

1問50点

点

二等辺三角形を1つみつけて，㋐～㋑の記号で答えましょう。

①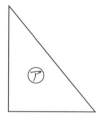

↑
じょうぎやコンパスを使って，
2つの辺の長さが等しいものをみつける。

②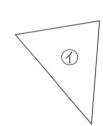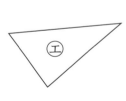

❗おぼえよう❗

● 2つの辺の長さが等しい三角形を　　　　　　と

いいます。

▶▶▶ 答えはべっさつ8ページ

二等辺三角形（にとうへんさんかくけい）を2つみつけて，⑦〜⑪の記号（きごう）で答えましょう。

①

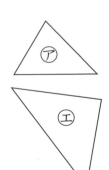

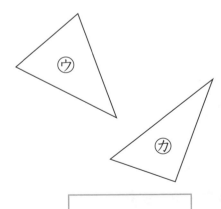

②

47 三角形
正三角形

▶▶▶ 答えはべっさつ8ページ

1問50点

点数 点

正三角形を1つみつけて，⑦～㋔の記号で答えましょう。

①

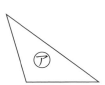  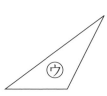 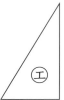

↑
じょうぎやコンパスを使って，
3つの辺の長さが等しいものをみつける。

②

 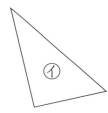 

！おぼえよう！

● 3つの辺の長さがどれも等しい三角形を

といいます。

48 三角形
正三角形

▶▶▶ 答えはべっさつ8ページ

点数　　点

1問50点

せいさんかくけい
正三角形を2つみつけて，⑦～⑦の記号で答えましょう。

①

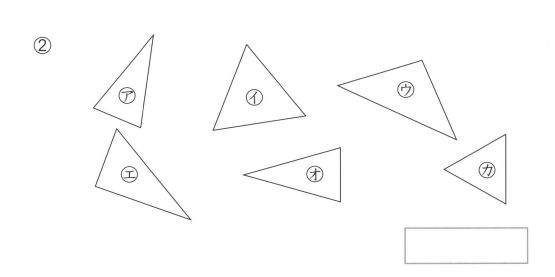

②

49

三角形
三角形のかき方

▶▶▶ 答えはべっさつ9ページ

1問50点

点数 ◯ ◯

点

コンパスを使って三角形をかきましょう。

① 辺の長さが4cm，5cm，5cmの二等辺三角形

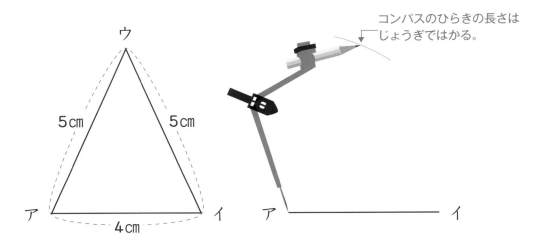

コンパスのひらきの長さは
じょうぎではかる。

② 1辺の長さが5cmの正三角形

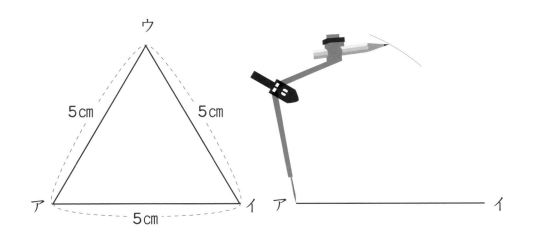

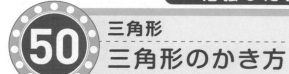

50 三角形のかき方

▶▶▶ 答えはべっさつ9ページ

1問25点

点

コンパスを使って三角形をかきましょう。

① 辺の長さが3cm，3cm，4cmの二等辺三角形

② 1辺の長さが3cmの正三角形

③ 辺の長さが2cm，4cm，4cmの二等辺三角形

④ 1辺の長さが4cmの正三角形

51 三角形 角

▶▶▶ 答えはべっさつ9ページ
1問50点

点数 　　　　　　点

㋐〜㋓の角を大きいじゅんに記号で答えましょう。

①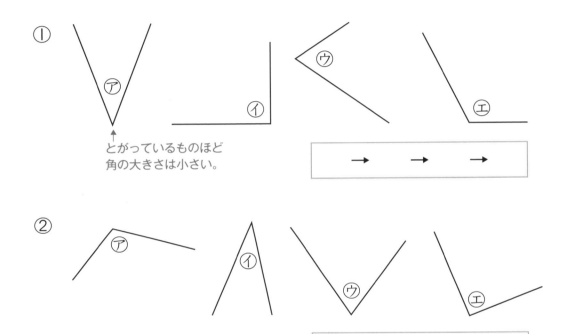

とがっているものほど
角の大きさは小さい。

→ 　　→ 　　→

②

→ 　　→ 　　→

!おぼえよう!

- 1つのちょう点からでている

  2つの辺がつくる形を

  　　　　といいます。

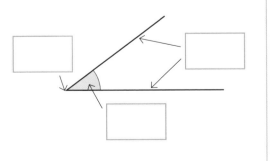

52 三角形
角

答えはべっさつ9ページ

①：30点　②, ③：1問35点

点数

点

ア～オの角を大きいじゅんに記号で答えましょう。

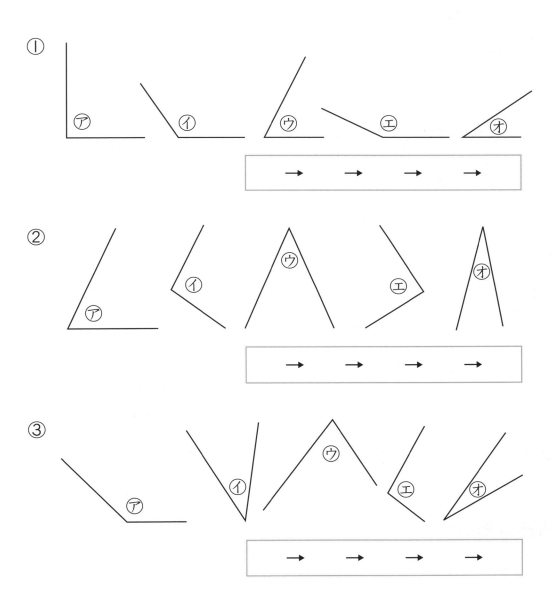

53 三角形
二等辺三角形と正三角形の角

▶▶▶ 答えはべっさつ9ページ

1問20点

点数 ★

点

1 次の角と等しい角を答えましょう。いくつかあるときは全部答えましょう。

①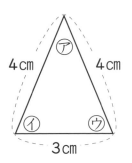
4cm　4cm
ア
イ　ウ
3cm

②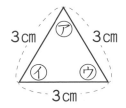
3cm　3cm
ア
イ　ウ
3cm

③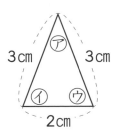
3cm　3cm
ア
イ　ウ
2cm

イ ☐　　ア ☐　　ウ ☐

2 2まいの三角じょうぎをならべて，図のような三角形をつくりました。

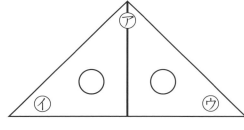
ア
イ　ウ

① イと等しい角は ☐

② 大きな三角形は

☐ です。

!おぼえよう!

● ☐ では，2つの角の大きさが等しいです。

● ☐ では，3つの角の大きさがすべて等しいです。

三角形
二等辺三角形と正三角形の角

▶▶▶ 答えはべっさつ9ページ

点数

点

11問16点 **2**1問10点

1 次の角と等しい角を答えましょう。いくつかあるとき
は全部答えましょう。

①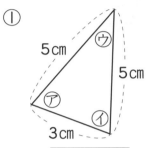

②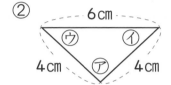

③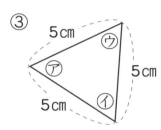

⑦

①

⑦

④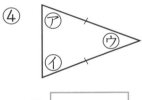

⑤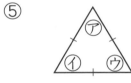

①

⑦

2 2まいの三角じょうぎをならべました。

⑦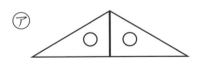

①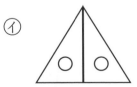

⑦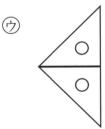

① 正三角形になるのは

② 二等辺三角形になるのは と

三角形のまとめ

55 何が出るかな

▶▶▶ 答えはべっさつ10ページ

正三角形と二等辺三角形をぬりつぶしましょう。
全部ぬりつぶすと，ある動物が出てくるよ。

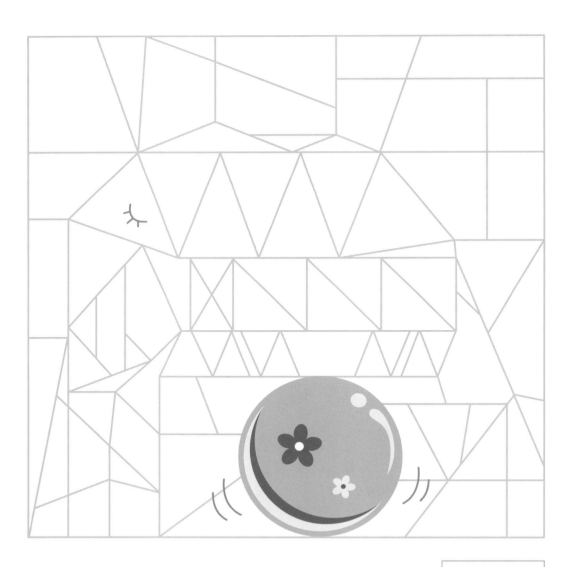

重さ
重さのたんい

 りかい

▶▶▶ 答えはべっさつ10ページ
1問20点

 点数 □ 点

1 重さを答えましょう。

① えんぴつ　　　　　　　　1円玉15こ

えんぴつ □ g

↑1円玉1この重さは1g

② 電池　　　　　　　　　1円玉24こ

電池 □ g

2 □ にあてはまる数を書きましょう。

① 1 kg 400 g = □ g +400 g = □ g

↑1kg=1000g

② 2 kg 80 g =2000 g + □ g = □ g

③ 1700 g =1000 g + □ g

= □ kg □ g

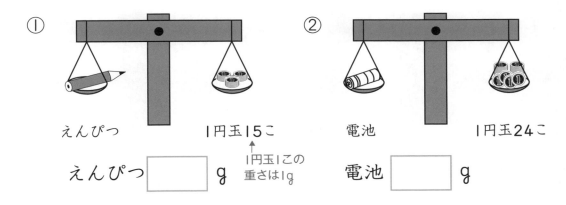

! おぼえよう !

● 重さのたんいには □ （グラム）, □ （キログラム）

があります。　　　　　　　　1 kg = □ g

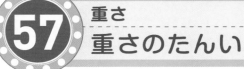

57 重さ
重さのたんい

▶▶▶ 答えはべっさつ10ページ

1 1問5点　**2** 1問15点

点数

点

1 重さを答えましょう。
_{おも}

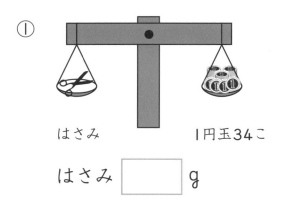

① はさみ　　1円玉34こ

はさみ ☐ g

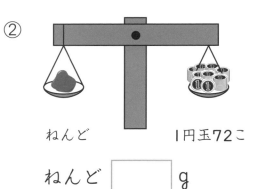

② ねんど　　1円玉72こ

ねんど ☐ g

2 ☐ にあてはまる数を書きましょう。

① 1 kg 900 g = ☐ g

② 2 kg 180 g = ☐ g

③ 5 kg = ☐ g

④ 1100 g = ☐ kg ☐ g

⑤ 6450 g = ☐ kg ☐ g

⑥ 8050 g = ☐ kg ☐ g

58 重さ
はかり

りかい

▶▶▶ 答えはべっさつ10ページ
1問20点

点数

　　　　点

重さを書きましょう。

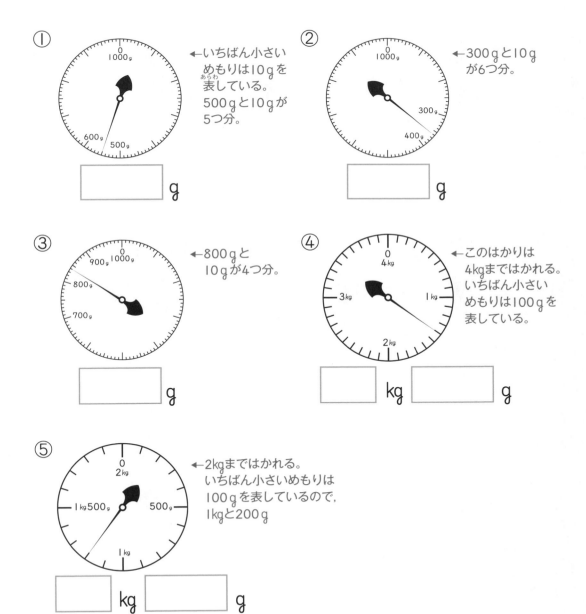

① ←いちばん小さい
めもりは10gを
表している。
500gと10gが
5つ分。

☐ g

② ←300gと10g
が6つ分。

☐ g

③ ←800gと
10gが4つ分。

☐ g

④ ←このはかりは
4kgまではかれる。
いちばん小さい
めもりは100gを
表している。

☐ kg ☐ g

⑤ ←2kgまではかれる。
いちばん小さいめもりは
100gを表しているので,
1kgと200g

☐ kg ☐ g

 59 重さ
はかり

練習

▶▶▶ 答えはべっさつ10ページ

点数

点

①〜⑥：1問12点　　⑦，⑧：1問14点

重さを書きましょう。

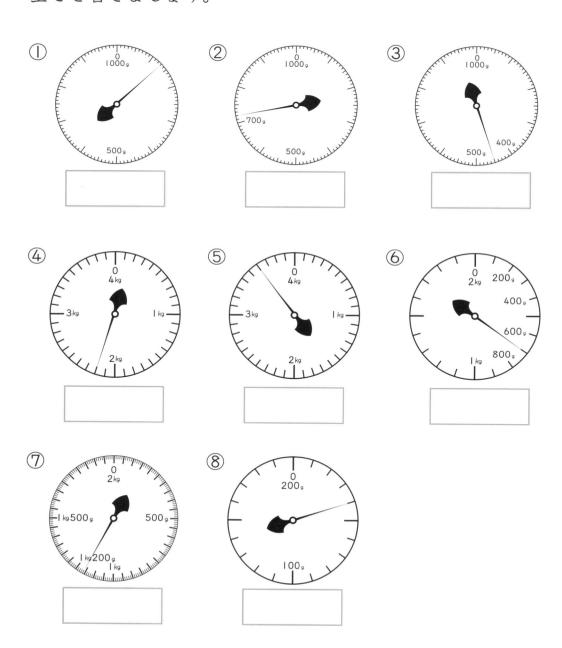

60 重さ
重さの計算

▶▶▶ 答えはべっさつ10ページ

①：10点　②〜⑦：1問15点

点

重さの計算をしましょう。

① 200 g ＋ 300 g ＝ ☐ g ←(200＋300) g

② 900 g ＋ 400 g ＝ ☐ g

＝ ☐ kg ☐ g

└1300 g＝1000 g＋300 g

③ 900 g － 700 g ＝ ☐ g ←(900−700) g

④ 1 kg － 500 g ＝ ☐ g ←1kg＝1000 g
(1000−500) g

⑤ 1 kg 400 g ＋ 800 g ＝ ☐ g
1kg400 g＝1400 g

＝ ☐ kg ☐ g

同じたんいどうしでたす。

⑥ 1 kg 100 g ＋ 1 kg 200 g ＝ ☐ kg ☐ g

同じたんいどうしでたす。

⑦ 1 kg 700 g ＋ 1 kg 500 g ＝ ☐ kg ☐ g

2kg1200 g＝2kg＋1kg＋200 g

61

61 重さ
重さの計算

▶▶▶ 答えはべっさつ11ページ

1問10点

重さの計算をしましょう。1000 g をこえるときは,
□ kg □ g と答えましょう。

① 　500 g ＋ 400 g

② 　1 kg 550 g ＋ 450 g

③ 　1 kg 500 g ＋ 1 kg 400 g

④ 　2 kg 300 g ＋ 1 kg 800 g

⑤ 　900 g － 150 g

⑥ 　1 kg 700 g － 600 g

⑦ 　2 kg 200 g － 1 kg 100 g

⑧ 　2 kg 300 g － 1 kg 400 g

⑨ 　3 kg － 1 kg 400 g

⑩ 　2 kg － 600 g

62 メートル法
長さ・重さ・かさのたんい

 りかい

▶▶▶ 答えはべっさつ11ページ
1問20点

点数

点

□にあてはまる数を書きましょう。

① 1m は [　　　] cm で，1cm の [　　　] 倍。←1m＝100cm

② 1km は [　　　] m で，1m の [　　　] 倍。←1km＝1000m

③ 1kg は [　　　] g で，1g の [　　　] 倍。←1kg＝1000g

④ 1t は [　　　] kg で，1kg の [　　　] 倍。←1t＝1000kg

⑤ 1L は [　　　] mL で，1mL の [　　　] 倍。←1L＝1000mL

！おぼえよう！

[　　] 倍

[　　] 倍→　　　　　　　　　[　　] 倍→[　　] 倍→

m（ミリ）	c（センチ）	d（デシ）		k（キロ）
1mm	1cm		1m	1km
1mg			1g	1kg
1mL		1dL	1L	

メートル法
長さ・重さ・かさのたんい

▶▶▶ 答えはべっさつ11ページ

1問10点

点　　　　　　点

1 □にあてはまる数を書きましょう。

① 1cm は □ mm で，1mm の □ 倍。

② 1L は □ dL で，1dL の □ 倍。

③ 1dL は □ mL で，1mL の □ 倍。

2 次のように，長さ・重さ・かさのたんいのかんけいをまとめました。あ～きにあてはまる数を書きましょう。

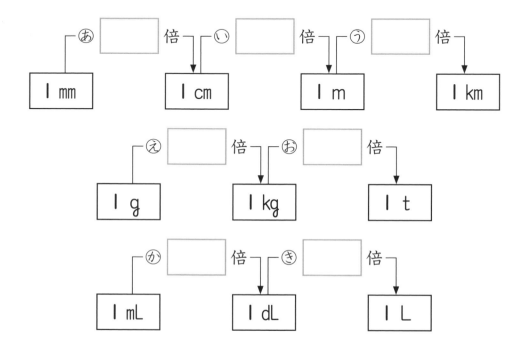

重さのまとめ

64 重さくらべ

▶▶▶ 答えはべっさつ11ページ

4つのリンゴがあります。
図のように，てんびんで2つずつ重さをくらべました。
重いじゅんにりんごの番号をならべましょう。

重いじゅんに　□　→　□　→　□　→　□

勉強した日　月　日

▶▶▶ 答えはべっさつ11ページ
1問25点

点数 ★

点

1 水のかさは何Lですか。

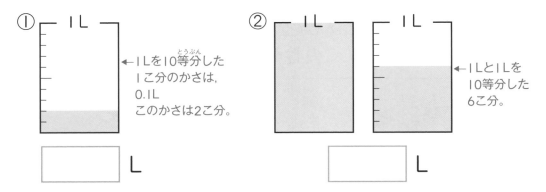

① ─ 1L ─
←1Lを10等分した
1こ分のかさは,
0.1L
このかさは2こ分。

② ─ 1L ─　─ 1L ─
←1Lと1Lを
10等分した
6こ分。

[　　　] L　　　　　[　　　] L

2 左はしから⑦, ④までの長さは何cmですか。

1cmを10等分した
1こ分の長さは, 0.1cm

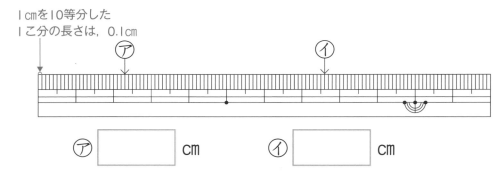

⑦　　　④

⑦ [　　　] cm　　　④ [　　　] cm

!おぼえよう!

● 0.2や1.6のような数を [　　　] といい,

「. 」を [　　　] といいます。

● 小数点のすぐ右の位を [　　　] といいます。

0.1
↗ ↑ ↖
一　小　小
の　数　数
位　点　第
　　　一
　　　位

66 小数
小数の表し方

▶▶▶ 答えはべっさつ11ページ

点数

点

1問10点

1 水のかさは何Lですか。

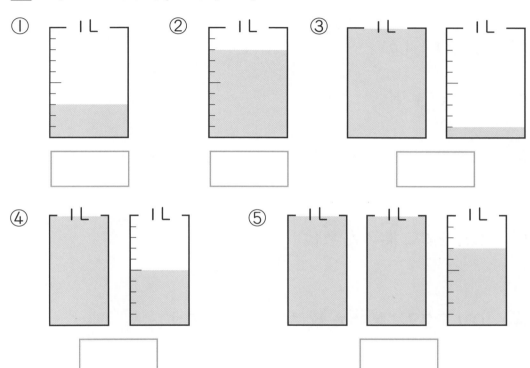

2 左はしから㋐〜㋔までの長さは何cmですか。

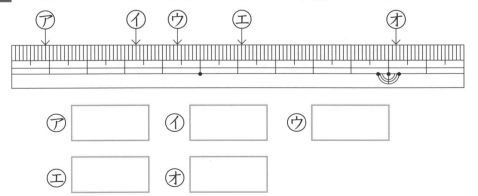

㋐ 　　　　　　㋑ 　　　　　　㋒

㋓ 　　　　　　㋔

67 小数
小数の大きさ

▶▶▶ 答えはべっさつ12ページ

1問16点　2 1問10点

点

1 □にあてはまる数を書きましょう。

① 3.2は，1が □ ことと0.1が □ こあることを
└─ 3.2の3は1が3こ。　└─ 3.2の2は0.1が2こ。

表しています。

② 4.9は □ を4ことと □ を9こあわせた数です。
└─ 4.9の4は1が4こ。　└─ 4.9の9は0.1が9こ。

③ 0.1を4こ集めた数は □ です。

④ 0.1を27こ集めた数は □ です。
└─ 0.1が20こで2。のこり0.1が7こ。

⑤ 0.1cm の15こ分は □ cm です。
└─ 0.1cmの10こ分で1cm。のこり0.5cm。

2 □にあてはまる不等号を書きましょう。

① 0.3 □ 0.1
0.3は0.1が　　0.1は0.1が
3こ分。　　　1こ分。

② 1.9 □ 2
1.9は0.1が　　2は0.1が
19こ分。　　　20こ分。

68

68 小数

小数の大きさ

▶▶▶ 答えはべっさつ12ページ

点数

点

■1問9点　■1問8点

1 □にあてはまる数を書きましょう。

① 4.2は，1が □ ことと0.1が □ こあることを
表しています。また，0.1を □ こ集めた数です。

② 1が2ことと0.1が8こあることを表している数は
□ です。

③ 1.8は0.1が □ こ集まった数です。

④ 5は0.1が □ こ集まった数です。

2 □にあてはまる不等号を書きましょう。

① 0.6 □ 0.1　　② 0.8 □ 1.1

③ 3 □ 2.8　　④ 6.1 □ 5.9

⑤ 0 □ 0.1　　⑥ 9.2 □ 8.8

⑦ 4.3 □ 4.5　　⑧ 8.7 □ 8.4

69 小数
小数と数直線

りかい

▶▶▶ 答えはべっさつ12ページ

点数 ★

　点

1 10点，⑦〜⑦：1問15点　**2** 1問15点

1 下の数直線で，⑦〜⑦にあたる数を書きましょう。

この数直線でいちばん小さい1めもりは [　　　] を
表しています。

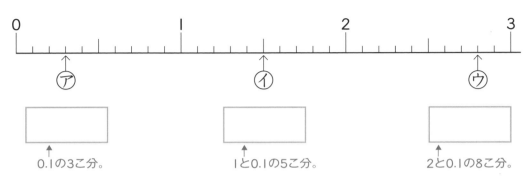

[　　　]　　　[　　　]　　　[　　　]

↑　　　　　↑　　　　　↑
0.1の3こ分。　1と0.1の5こ分。　2と0.1の8こ分。

2 次の数を数直線に↓で表しましょう。

例 0.5　　①1.2　　②2.1　　③2.9

0.1の5こ分。　1と0.1の2こ分。　2と0.1の1こ分。　2と0.1の9こ分。

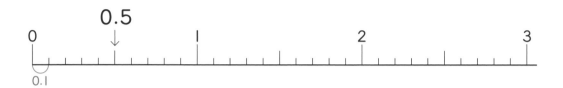

70 小数
小数と数直線

▶▶▶ 答えはべっさつ12ページ

1 1問6点　**2**,**3** 1問8点

点

1 次の数直線で, ⑦～⑰にあたる数を書きましょう。

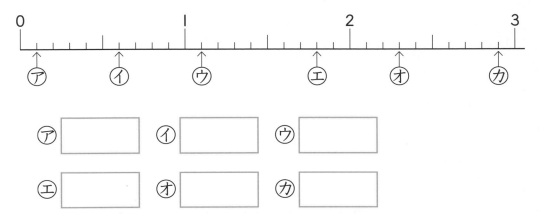

⑦ ☐　　⑦ ☐　　⑦ ☐

⑦ ☐　　⑦ ☐　　⑦ ☐

2 次の数直線で, ㋖～㋙にあたる数を書きましょう。

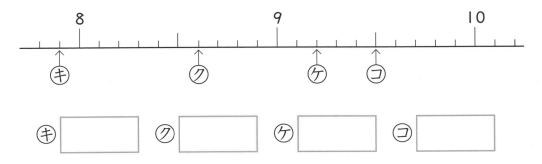

㋖ ☐　　㋗ ☐　　㋘ ☐　　㋙ ☐

3 次の㋚～㋜の数を数直線に↓で表しましょう。

㋚4.8　　㋛5.5　　㋜6.8　　㋝7.4

小数
小数のいろいろな表し方

りかい

▶▶▶ 答えはべっさつ12ページ 点数 ★

点

1問25点

1.7のいろいろな表し方を，数直線を使って考えましょう。

①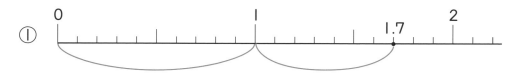

1.7は，1と ☐ をあわせた数です。

└ 0.1が7こ分。

②

1.7は，2より ☐ 小さい数です。

└ 0.1が3こ分。

③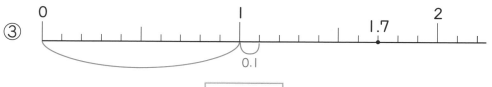

1.7は，1と0.1を ☐ こあわせた数です。

④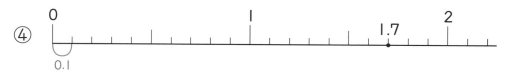

1.7は，0.1を ☐ こ集めた数です。

└ 1までは0.1が10こ分，
のこり7こ分。

勉強した日　　月　　日

72 小数
小数のいろいろな表し方

▶▶▶ 答えはべっさつ12ページ 点数

点

11問10点　**2**1問20点

1 2.4のいろいろな表し方を数直線を使って考えましょう。

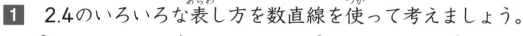

①　2.4は，2と　　　　　をあわせた数です。

②　2.4は，3より　　　　　小さい数です。

③　2.4は，2と0.1を　　　　　こあわせた数です。

④　2.4は，0.1を　　　　　こ集めた数です。

2 3.8のいろいろな表し方を数直線を使って考えましょう。

①　3.8は，3と　　　　　をあわせた数です。

②　3.8は，4より　　　　　小さい数です。

③　3.8は，0.1を　　　　　こ集めた数です。

73 分数
分数の表し方

りかい

▶▶▶ 答えはべっさつ13ページ
1問25点

点数 ★

点

1 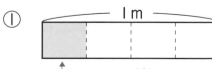 の長さを分数で<ruby>表<rt>あらわ</rt></ruby>しましょう。

①
┌─ 1m ─┐

↑
1mのテープを4<ruby>等分<rt>とうぶん</rt></ruby>した1こ分の長さ。

□ m

②
┌─ 1m ─┐

↑
1mのテープを3等分した1こ分の長さ。

□ m

2 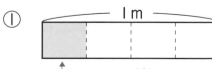 のかさを分数で表しましょう。

①
1L

←1Lを6等分した
1こ分のかさ。

□ L

②
1L

←1Lを5等分した
2こ分のかさ。

□ L

！おぼえよう！

- $\frac{1}{4}$, $\frac{2}{5}$ のような数を □ といいます。

- $\frac{1}{4}$ の 4 を □ , 1 を □ といいます。

74

74 分数
分数の表し方

 練習

▶▶ 答えはべっさつ13ページ 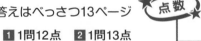 点数 ★ ★

点

1 1問12点 **2** 1問13点

1 [　　] の長さを分数で表しましょう。

①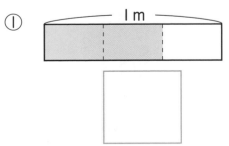

②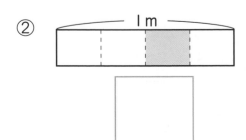

③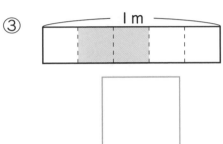

④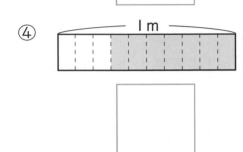

2 [　　] のかさを分数で表しましょう。

①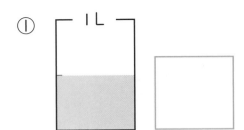

②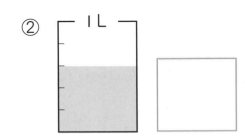

③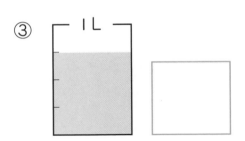

④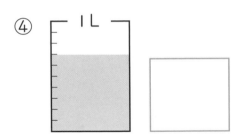

75 分数
分数の大きさ

りかい

▶▶▶ 答えはべっさつ13ページ

点数

点

1 1問7点　2 1問10点

1 数直線の □ にあてはまる分数を書き，あとの文をかんせいさせましょう。

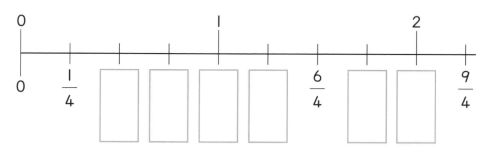

1を4等分した1こ分を □ と表し，6こ分を □

と表します。 $\frac{1}{4}$ の4こ分は □ で，1と同じ大きさで

す。 $\frac{8}{4}$ は □ と同じ大きさです。

↑ $\frac{1}{4}$ の8こ分， $\frac{4}{4}$=1 の2倍。

2 次の⑦〜⑨にあたる分数を書きましょう。

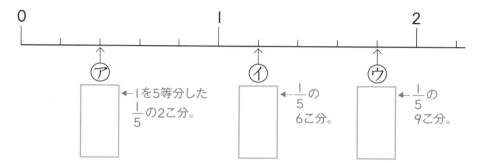

←1を5等分した $\frac{1}{5}$ の2こ分。

←$\frac{1}{5}$ の6こ分。

←$\frac{1}{5}$ の9こ分。

分数

分数の大きさ

練習

▶▶▶ 答えはべっさつ13ページ

 点数

点

1 1問4点, ①, ②：1問10点　2 1問10点

1 □にあてはまる分数を書き, ①, ②に答えましょう。

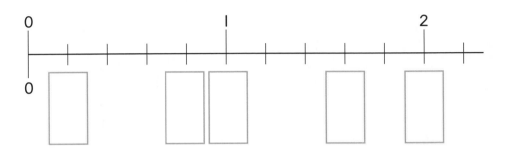

① $\dfrac{3}{5}$ は $\dfrac{1}{5}$ の何こ分ですか。

② $\dfrac{1}{5}$ を6こ集めた数はいくつですか。

2 次の⑦〜㋕にあたる分数を書きましょう。

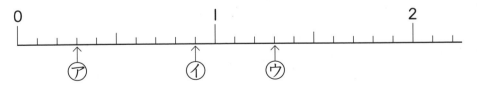

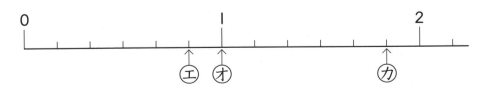

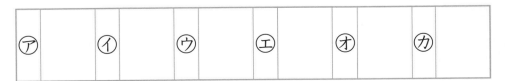

77 分数

分数の大小

りかい

▶▶▶ 答えはべっさつ13ページ　★点数★　　　　　点

11問20点　**2**1問10点

1 $\frac{4}{7}$ mと $\frac{5}{7}$ mの長さをくらべます。

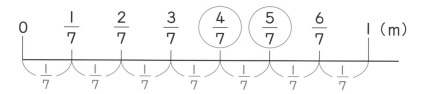

$\frac{4}{7}$ mは，$\frac{1}{7}$ mが ☐ こ分，$\frac{5}{7}$ mは，$\frac{1}{7}$ mが

☐ こ分なので，☐ mのほうが長いといえま

す。　　　　　　　　　　　　← $\frac{1}{7}$ mが多く集まっているほうが長い。

2 ☐ にあてはまる不等号を書きましょう。

① $\frac{1}{6}$ ☐ $\frac{2}{6}$ ← $\frac{1}{6}$ の1こ分と2こ分。

② $\frac{4}{5}$ ☐ $\frac{2}{5}$ ← $\frac{1}{5}$ の4こ分と2こ分。

③ $\frac{3}{9}$ ☐ $\frac{7}{9}$ ← $\frac{1}{9}$ の3こ分と7こ分。

④ 1 ☐ $\frac{3}{4}$ ← $1=\frac{4}{4}$ 　$\frac{1}{4}$ の4こ分と3こ分。

78 分数
分数の大小

▶▶▶ 答えはべっさつ13ページ

1 1問8点　2 1問10点

点

1 分数の大小を考えましょう。

0　　$\frac{1}{9}$　　　　　　　　　　　1（m）

① $\frac{5}{9}$ m は $\frac{1}{9}$ m の何こ分の長さですか。

② $\frac{7}{9}$ m と $\frac{5}{9}$ m では, どちらが長いですか。

③ 1 m は $\frac{1}{9}$ m の何こ分の長さですか。

④ 1 m と $\frac{6}{9}$ m は, どちらが長いですか。

⑤ $\frac{1}{9}$ m の10こ分の長さはどれだけですか。

2 ◯ にあてはまる等号, 不等号を書きましょう。

① $\frac{3}{5}$ ◯ $\frac{4}{5}$　　　　② $\frac{5}{7}$ ◯ $\frac{4}{7}$

③ $\frac{9}{12}$ ◯ $\frac{10}{12}$　　　④ $\frac{1}{10}$ ◯ 0

⑤ $\frac{10}{10}$ ◯ 1　　　　　⑥ 1 ◯ $\frac{7}{8}$

79 分数

分数と小数

りかい

▶▶▶ 答えはべっさつ13ページ 点数

点

①, ②：1問16点　③〜⑥：1問17点

☐ にあてはまる等号，不等号を書きましょう。

① $\dfrac{1}{10}$ ☐ 0.1　← $\dfrac{1}{10}$ も0.1も1を10等分した大きさ。

② $\dfrac{2}{10}$ ☐ 0.3　← $\dfrac{1}{10}$ の何こ分で考えると，$\dfrac{2}{10}$ は $\dfrac{1}{10}$ の2こ分。

0.3は $\dfrac{1}{10}$ の3こ分。0.1の何こ分で考えてもよい。

③ $\dfrac{6}{10}$ ☐ 0.7　← $\dfrac{1}{10}$ の何こ分で考えると，$\dfrac{6}{10}$ は $\dfrac{1}{10}$ の6こ分。

0.7は $\dfrac{1}{10}$ の7こ分。0.1の何こ分で考えてもよい。

④ $\dfrac{8}{10}$ ☐ 0.8　← $\dfrac{1}{10}$ の何こ分で考えると，$\dfrac{8}{10}$ は $\dfrac{1}{10}$ の8こ分。

0.8は $\dfrac{1}{10}$ の8こ分。0.1の何こ分で考えてもよい。

⑤ 0.2 ☐ $\dfrac{3}{10}$　← $\dfrac{1}{10}$ の何こ分で考えると，0.2は $\dfrac{1}{10}$ の2こ分。

$\dfrac{3}{10}$ は $\dfrac{1}{10}$ の3こ分。0.1の何こ分で考えてもよい。

⑥ 1.1 ☐ $\dfrac{1}{10}$　← $\dfrac{1}{10}$ の何こ分で考えると，1.1は $\dfrac{1}{10}$ の11こ分。

$\dfrac{1}{10}$ は $\dfrac{1}{10}$ の1こ分。0.1の何こ分で考えてもよい。

！おぼえよう！

● 1を10等分した大きさを分数で表すと ，

　小数で表すと ☐ です。

80

分数
分数と小数

練 習

▶▶▶ 答えはべっさつ14ページ

点数　　　　　　点

1問5点

□ にあてはまる等号，不等号を書きましょう。

① 0.1 □ $\frac{2}{10}$　　　② 0.5 □ $\frac{5}{10}$

③ $\frac{3}{10}$ □ 0.8　　　④ $\frac{4}{10}$ □ 0.3

⑤ $\frac{9}{10}$ □ 0.7　　　⑥ $\frac{5}{10}$ □ 0.4

⑦ 0.2 □ $\frac{7}{10}$　　　⑧ 0.6 □ $\frac{4}{10}$

⑨ $\frac{2}{10}$ □ 0.2　　　⑩ $\frac{7}{10}$ □ 0.8

⑪ 0.9 □ $\frac{10}{10}$　　　⑫ 1.1 □ $\frac{5}{10}$

⑬ $\frac{11}{10}$ □ 0.8　　　⑭ $\frac{15}{10}$ □ 0.5

⑮ 0.4 □ $\frac{14}{10}$　　　⑯ 1.2 □ $\frac{9}{10}$

⑰ $\frac{12}{10}$ □ 1.1　　　⑱ 1.3 □ $\frac{10}{10}$

⑲ 1.9 □ $\frac{9}{10}$　　　⑳ $\frac{14}{10}$ □ 1.4

81 □を使った式
□を使った式①

▶▶▶ 答えはべっさつ14ページ

点数　　　　　　　　点

1①, ②：1問35点　2 30点

1　水が12L 入っている水そうに，何 L かの水を入れたら，水そうの水は全部で25L になりました。

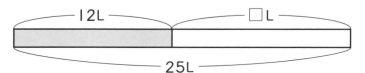

① 入れた水を□ L として，たし算の式に表しましょう。

$$\boxed{}+\boxed{}=25$$

はじめに入っていた水↗　　入れた水↑　　全部で25L↖

② □にあてはまる数をもとめましょう。

$$□=\boxed{}-12$$

$$□=\boxed{}$$

2　カードのうち16まいを友だちにあげたら，のこりは34まいになりました。はじめにもっていたカードを□まいとして，ひき算の式に表しましょう。

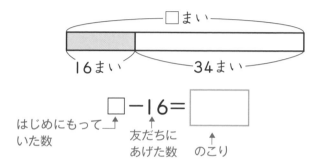

$$□-16=\boxed{}$$

はじめにもって↗　友だちに↑　のこり↑
いた数　　　　あげた数

□を使った式
□を使った式①

練習

▶▶▶ 答えはべっさつ14ページ　点数

1問25点　　　　　　　　　　　　点

1　きょうは本を30ページ読んだので，全部で95ページ読んだことになりました。きのうまでに何ページ読んでいますか。

①　きのうまでに読んだページ数を□ページとして，たし算の式に表しましょう。

②　□にあてはまる数をもとめましょう。　

2　82人の子どものうち，何人かが帰ったので，のこっている子どもは44人になりました。

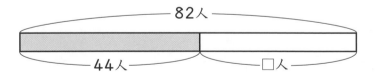

①　帰った子どもの人数を□人として，ひき算の式に表しましょう。

②　□にあてはまる数をもとめましょう。

83 □を使った式
□を使った式②

▶▶▶ 答えはべっさつ14ページ

点数 ★

点

1 ①, ②：35点　2 30点

1 アメを4こ買ったら48円でした。

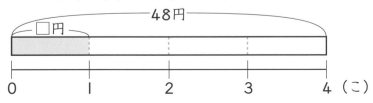

48円
□円
0　1　2　3　4（こ）

① アメ1このねだんを□円として，かけ算の式に表しましょう。

□ × [　　　] = 48

アメ1こ　　買った数　　代金
のねだん

② □にあてはまる数をもとめましょう。

□ = [　　　] ÷ [　　　]　←図をみると，□は48を4つに分けた
　　　　　　　　　　　　　　　数であることがわかる。

□ = [　　　]

2 54まいの画用紙を何人かに同じまい数ずつ配ったら，1人分が9まいになりました。

54まい
9まい
0　1　　　　　　　　　　□（人）

□人に配ったとして，わり算の式に表しましょう。

[　　　] ÷ □ = 9

全部の数　　人数　1人分の数

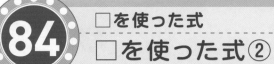

84 □を使った式
□を使った式②

▶▶▶ 答えはべっさつ14ページ

点数

点

1問25点

1 はり金6mの重さをはかると，42gでした。

① はり金1mを□gとして，かけ算の式に表しましょう。

② □にあてはまる数をもとめましょう。

2 何こかのアメを8人に配ったところ，1人にちょうど9こずつ配れました。

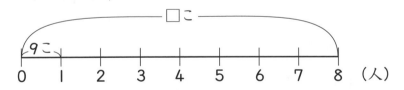

① はじめにあったアメの数を□ことして，わり算の式に表しましょう。

② □にあてはまる数をもとめましょう。

85

□を使った式
□を使った式②

練習

▶▶▶ 答えはべっさつ14ページ

1 , 2 1問15点　3 1問20点

点

1 同じ人数ずつ車に乗ります。4台で20人乗ることができます。

① 1台に乗る人数を□人として，かけ算の式に表しましょう。

② □にあてはまる数をもとめましょう。

2 3cmのリボンを何本かつくるのに，96cm使いました。

① つくったリボンの本数を□本として，かけ算の式に表しましょう。

② □にあてはまる数をもとめましょう。

3 えんぴつを7本ずつ配ったら，ちょうど6人に配れました。

① もともとあったえんぴつを□本として，わり算の式に表しましょう。

② □にあてはまる数をもとめましょう。

86

□を使った式のまとめ
つれなかったのはどの魚？

▶▶ 答えはべっさつ15ページ

□にあてはまる数が同じものどうしを線で
つなぎましょう。つれなかった魚はどれかな。

$3+\square=15$

$\square-2=4$

$\square\times4=16$

$16-\square=14$

$9\times\square=54$

$8\times\square=32$

$10-\square=3$

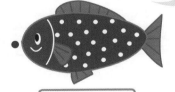
$18\div\square=9$

$\square\div2=6$

87　表やぼうグラフ
表

りかい

▶▶▶ 答えはべっさつ15ページ　点数★　　　点

①, ②：1問35点　③：30点

25人の人にすきな動物を書いてもらいました。

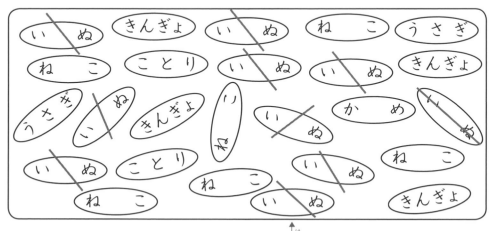

数えたものを消しておくと，数えまちがいしにくい。

① 「正」の字を使って表に整理しましょう。

い　　ぬ	正正
きんぎょ	
ね　　こ	
う さ ぎ	
こ と り	
か　　め	

② 「正」の字で表した数を数字になおして，表に整理しましょう。

<すきな動物と人数>

しゅるい	人数（人）
い　　ぬ	10
きんぎょ	
ね　　こ	
う さ ぎ	
こ と り	
か　　め	
合　　計	

合計の人数が合っているかをたしかめる。

③　すきな人がいちばん多かった動物は何ですか。

▶▶▶ 答えはべっさつ15ページ

①, ②:1問35点　③:30点

点数

点

ある組のじどう32人の家ぞくの人数を書いたものです。

5	4	4	5	3	5	3	5
6	3	7	5	6	3	5	3
4	3	5	6	4	5	4	6
4	4	7	4	4	4	3	4

① 「正」の字を使って表に整理しましょう。

5人	
4人	
6人	
3人	
7人	

② 「正」の字で表した数を数字になおして，表に整理しましょう。

＜家ぞくの人数調べ＞

家ぞく	人数（人）
4人	
5人	
3人	
6人	
7人	
合　計	

③　何人の家ぞくがいちばん多いですか。

89

 **89** 表やぼうグラフ
表のくふう

りかい

▶▶▶ 答えはべっさつ15ページ

点数

1問25点

点

3つの組で，読みたい本を調べました。

<1組>

しゅるい	人数(人)
ものがたり	17
理科の本	6
れ き し	10
ス ポ ー ツ	5
合 計	

<2組>

しゅるい	人数(人)
ものがたり	14
理科の本	9
れ き し	5
ス ポ ー ツ	8
合 計	

<3組>

しゅるい	人数(人)
ものがたり	13
理科の本	11
れ き し	9
ス ポ ー ツ	4
合 計	

① それぞれの組の人数の合計を書き入れましょう。

② 1つの表にまとめてみましょう。

しゅるい ＼ 組	1組	2組	3組	合計
ものがたり	17	14		
理科の本			11	
れ き し				
ス ポ ー ツ				
合 計				

③ 1〜3組で読みたい本が理科の本の人は何人ですか。

理科の本の合計→
をみる。

④ 1〜3組で読みたい人がいちばん多い本は何ですか。

それぞれのしゅるいの合計をくらべる。→

90

表やぼうグラフ
表のくふう

▶▶▶ 答えはべっさつ15ページ

点数

①:60点　②, ③:1問20点

点

3年生の4つの組のけっせき調べをしました。

<1組>

月	火	水	木	金
3	2	2	1	0

<2組>

月	火	水	木	金
2	1	1	3	3

<3組>

月	火	水	木	金
0	1	2	3	1

<4組>

月	火	水	木	金
2	2	2	0	1

① 1つの表にまとめてみましょう。

組＼曜日	月	火	水	木	金	合計
1組						
2組						
3組						
4組						
合計						

② 月曜日から金曜日まででいちばんけっせきの多かったのは何組ですか。

③ 3年生でいちばんけっせきの少なかったのは何曜日ですか。

表やぼうグラフ
ぼうグラフ①

りかい

▶▶▶ 答えはべっさつ16ページ ★点数★ ☐ 点

1 ①：20点　②：1問5点　**2** 1問10点

1 動物をかっている人の人数を右のようなグラフに表しました。

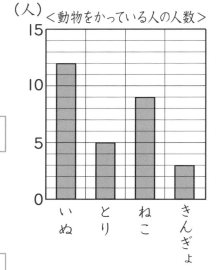

（人）＜動物をかっている人の人数＞

① 1めもりは何人を表していますか。 ☐

② それぞれの動物をかっている人の人数は何人ですか。

いぬ ☐　　とり ☐

ねこ ☐　　きんぎょ ☐

←それぞれの動物のめもりをよんで答える。

2 1めもりが表している大きさと，ぼうが表している大きさを答えましょう。

①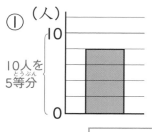

10人を5等分

1めもり ☐

ぼう ☐

② （L）

20Lを2等分

1めもり ☐

ぼう ☐

③ 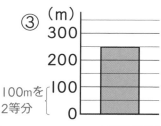（m）

100mを2等分

1めもり ☐

ぼう ☐

表やぼうグラフ
ぼうグラフ①

練習

▶▶▶ 答えはべっさつ16ページ
 点数

点

1 ①：20点　②：1問5点　**2** 1問10点

1 すきなくだもののしゅるいと人数を右のようなグラフにしました。

① 1めもりは何人を表していますか。

② それぞれのくだものがすきな人の人数は何人ですか。

りんご　　　　　もも

なし　　　　　いちご

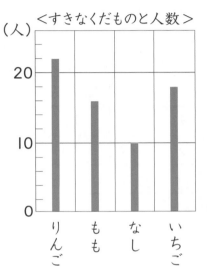

<すきなくだものと人数>
(人)

2 1めもりが表している大きさと，ぼうが表している大きさを答えましょう。

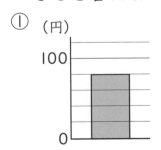

① (円)

1めもり

ぼう

② (人)

1めもり

ぼう

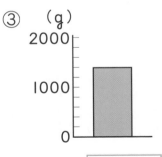

③ (g)

1めもり

ぼう

93 表やぼうグラフ
ぼうグラフ②

りかい

▶▶▶ 答えはべっさつ16ページ

点数　　　　　　点

1問20点

けがのしゅるいと人数の表_{ひょう}をぼうグラフに表_{あらわ}してみましょう。

<けがのしゅるいと人数>

けがのしゅるい	人数(人)
すりきず	12
切りきず	10
打_だぼく	6
ね ん ざ	3

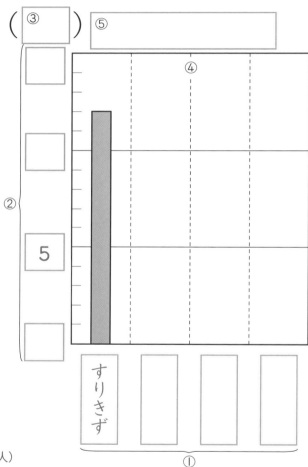

① 横_{よこ}のじくにけがのしゅるいを書きましょう。

② たてのじくの□に数を書きましょう。

1めもりの大きさは1人を表している。

③ たんいを書きましょう。

表の人数を表す（人）

④ 表の数にあわせてぼうをかきましょう。

⑤ 表題_{ひょうだい}を書きましょう。

94 表やぼうグラフ
ぼうグラフ②

 練 習

▶▶▶ 答えはべっさつ16ページ

1問20点

★ 点数 ★

点

すきなスポーツと人数の表をぼうグラフに表してみましょう。

＜すきなスポーツと人数＞

スポーツ	人数(人)
野球	14
テニス	8
サッカー	22
バレーボール	24

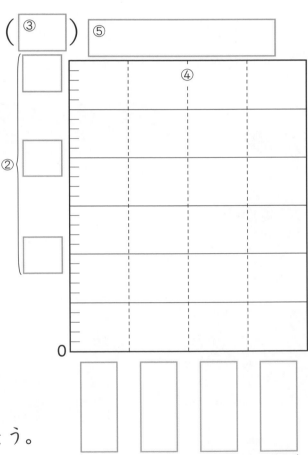

① 横のじくに人数の多いじゅんにスポーツのしゅるいを書きましょう。

② たてのじくの□に数を書きましょう。

③ たんいを書きましょう。

④ 表の数にあわせてぼうをかきましょう。

⑤ 表題を書きましょう。

95

表やぼうグラフのまとめ

きよしさんがかりた本をさがせ！

▶▶▶ 答えはべっさつ16ページ

下の表は，11月，12月，1月に図書室で3年生に
かし出した本のしゅるいと数を調べたものです。
きよしさんは何月にどんな本をかりましたか。
友だちの話からすい理しましょう。

かし出した本のしゅるいと数

しゅるい ＼ 月	11月	12月	1月	合計
ものがたり	13	21	16	
でん記	5	10	18	
図かん	20	8	3	
その他	3	5	2	
合　計				

きよしさんは
3か月間でいちばん多く
かし出したしゅるいの
本をかりたよ。

きよしさんは
本のかし出しが
いちばん少なかった月に
本をかりたよ。

答え

きよしさんは [　　　] 月に

[　　　　　　　　] をかりました。

きよし

答えとおうちのかた手引き

---

1 時こくと時間
時こくをもとめる① りかい
▶▶▶本さつ2ページ

① 7, 20　　② 8, 50

ポイント

あとの時こくははりを進め，前の時こくははりをもどします。
ちょうど○時までの分とのこりの分をあわせた時間を考えるとわかりやすいです。

---

2 時こくと時間
時こくをもとめる① 練習
▶▶▶本さつ3ページ

① 2時20分　　② 8時40分　　③ 3時10分
④ 5時30分　　⑤ 8時50分　　⑥ 2時10分

ポイント

長いはりが12をこえると○時が1つふえます。
前の時こくでは，長いはりが12までもどるには何分かかるかを考えます。
12をこえてもどると○時が1つへります。
④12まで10分，40−10＝30分　あと30分もどります。

---

3 時こくと時間
時こくをもとめる② りかい
▶▶▶本さつ4ページ

① 10, 10　　② 4, 50

ポイント

1時間と何分に分け，1時間後や1時間前は，○分はかわらず，○時だけ1つふえたりへったりします。

ここが  ニガテ ------------------------

1時間後や1時間前は何時何分になるのか，正しく答えられるようにしましょう。

---

4 時こくと時間
時こくをもとめる② 練習
▶▶▶本さつ5ページ

① 12時50分　　② 6時　　　③ 3時20分
④ 1時　　　　⑤ 3時50分　　⑥ 7時50分

ポイント

①1時間後は12時10分。そこから40分後を考えます。
③まず，2時間後の時こくを考えます。
⑤1時間前は4時10分。そこから20分前を考えます。
⑥まず，2時間前の時こくを考えます。

ここが ニガテ ------------------------

1時間後，2時間後，また，1時間前，2時間前の時こくでは，長いはり（分）はかわりません。その時こくから，分を進めたり，もどしたりして考えます。

---

5 時こくと時間
時間をもとめる りかい
▶▶▶本さつ6ページ

① 30　　　　② 1, 20

ポイント

①10時になるのは何分後かをもとめます。
②1時間後は6時50分になります。さらに20分時間を進めると7時10分です。

6 時こくと時間 時間をもとめる 練習

▶▶▶ **本さつ7ページ**

①20分　②30分　③50分　④35分
⑤45分　⑥55分　⑦45分　⑧40分

ポイント

長いはりを進めて12をこえる場合は，はじめに
12まで何分あるかを考えます。そこからのこり
の分をたします。
③40分＋10分＝50分　⑥10分＋45分＝55分

 7 時こくと時間 時間をもとめる 練習

▶▶▶ **本さつ8ページ**

①1時間　②1時間10分　③1時間20分
④1時間35分　⑤1時間40分　⑥2時間50分
⑦1時間35分　⑧3時間40分

ポイント

はじめに○時間すぎた時こくを考え，そこに何分
たせばよいかを考えます。
②1時間後は5時40分，のこり10分
　　1時間＋10分
④1時間後は10時30分，のこり35分
　　1時間＋35分
⑥2時間後は9時15分，のこり50分
　　2時間＋50分

 8 時こくと時間 短い時間 りかい

▶▶▶ **本さつ9ページ**

①60　②60，70　③60，100
④1，60，60，120
⑤60，1，20　⑥35，1，35

ポイント

1分＝60秒であることをしっかりおぼえましょ
う。
分を秒になおすときは，60秒＋○秒と考えます。
秒を分と秒になおすときは，60秒がいくつとの
こりが○秒かを考えます。
60秒は1分になおします。

 9 時こくと時間 短い時間 練習

▶▶▶ **本さつ10ページ**

①65　②80　③110　④140
⑤225　⑥1，15　⑦1，45
⑧2，10　⑨2，50　⑩3，15

ポイント

④2分＝1分＋1分＝60秒＋60秒＝120秒
⑧130秒＝120秒＋10秒＝2分＋10秒
⑨170秒＝120秒＋50秒＝2分＋50秒

 10 時こくと時間のまとめ 速さくらべ

▶▶▶ **本さつ11ページ**

2

11 円と球　円①　りかい

▶▶▶ 本さつ12ページ

①6　　②4　　③1　　④5

おぼえよう

2，中心

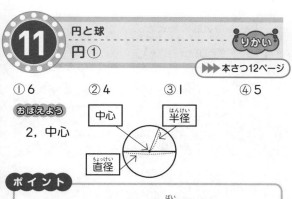

中心　半径　直径

ポイント

直径の長さは半径の長さの2倍。(半径×2)
半径の長さは直径の長さの半分。(直径÷2)

12 円と球　円①　練習

▶▶▶ 本さつ13ページ

1　①16　　②20

2　①5　　②7　　**3**　⑦

13 円と球　円②　りかい

▶▶▶ 本さつ14ページ

①4　　②3

4cm　　3cm

ポイント

円をかくときは，じょうぎを使ってコンパスを半径の長さにひらきます。
直径がわかっているときは，かならず2でわって，半径の長さをもとめてから，コンパスをひらきます。

14 円と球　円②　練習

▶▶▶ 本さつ15ページ

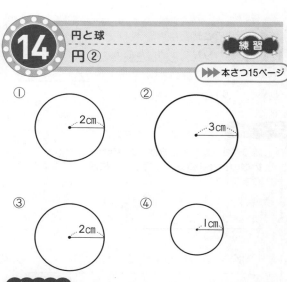

①　2cm　　②　3cm
③　2cm　　④　1cm

ポイント

はりを中心にさすときは，ずれないようにします。
中心がずれると，正かくな円はかけません。

15 円と球　円②　練習

▶▶▶ 本さつ16ページ

①

2cm

②
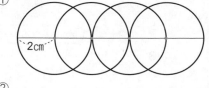

5cm

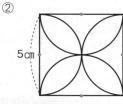

※・は円または，半円の
　　中心

ポイント

②直径5cmの半円を4つ組みあわせた図形です。
正方形の1辺のまん中（2cm5mmのところ）を中心として，半円をかきましょう。

3

16 円と球
コンパスを使った長さくらべ　りかい
▶▶▶ 本さつ17ページ

①ⓘ　　②ⓔ

線の長さを調べるときは，おれまがるところまでの線の長さをコンパスでじゅんに直線に写しとります。

17 円と球
コンパスを使った長さくらべ　練習
▶▶▶ 本さつ18ページ

①ⓐ　　②ⓞ

18 円と球
球　りかい
▶▶▶ 本さつ19ページ

①2　　②8　　③3　　④5　　⑤5

球は，どこを切っても，切り口は円になります。いちばん大きい切り口は，中心を通ったときです。

19 円と球
球　練習
▶▶▶ 本さつ20ページ

①4　　②12　　③4　　④6　　⑤3

---

20 円と球のまとめ
たからさがし
▶▶▶ 本さつ21ページ

21 一億までの数
万の位，億の位　りかい
▶▶▶ 本さつ22ページ

1 ① 三，二，九，四，五

② 二，四，二，六，三

③ 一，九，四，五，六

2 ①53411

5	3	4	1	1
一万の位	千の位	百の位	十の位	一の位

②69007000

6	9	0	0	7	0	0	0
千万の位	百万の位	十万の位	一万の位	千の位	百の位	十の位	一の位

位のところに数字をあてはめていきますが，位のところに数字がないときは，0を書きます。
六千二十　→　6 0 2 0
百の位　一の位

22 一億までの数 万の位，億の位

▶▶▶本さつ23ページ

1 ① 三百六十一万三千九百四十

② 千八百三十万四千六百二

③ 二千七万四千五 ④ 七千万三千四百三十七

⑤ 一億五万

2 ① 47126 ② 3245000

③ 90206000 ④ 108000000

⑤ 127050600

23 一億までの数 数のしくみ

▶▶▶本さつ24ページ

① 38052000

3	8	0	5	2	0	0	0
千万の位	百万の位	十万の位	一万の位	千の位	百の位	十の位	一の位

② 120000 ③ 1000000

④ 180 ⑤ 25

ポイント

大きな数は，それぞれの位の数をあわせたものです。
一万が4こ，千が3こ → 40000と3000
④1800000は百万と八十万をあわせた数です。
百万は一万の100こ分，八十万は一万の80こ
分ですから，百八十万は一万を180こあわせ
た数です。

24 一億までの数 数のしくみ

▶▶▶本さつ25ページ

① 90800700 ② 31006050

③ 360000 ④ 205000 ⑤ 15こ

⑥ 272こ

25 一億までの数 大きな数の大小

▶▶▶本さつ26ページ

1 ① 66660000 ② 4230694

2 ① > ② > ③ < ④ >

ポイント

1 ①けた数がちがうときは，けた数の多いほうが
大きいです。②けた数が同じときは，大きい位
からじゅんにみて，はじめて出たちがう数字の
大小をくらべます。
2 不等号は，ひらいているほうに大きい数がくる
ことをおぼえましょう。 20<30 49>47

26 一億までの数 大きな数の大小

▶▶▶本さつ27ページ

1 ① 20500 ② 109000

③ 650000 ④ 3940000

2 ① < ② < ③ > ④ >

⑤ = ⑥ <

ポイント

2 ③，⑤，⑥のように式になっているときは，式
を計算して，答えを出してからくらべます。

27 一億までの数 数直線

▶▶▶本さつ28ページ

① 1000 ② 54000 ③ 67000

④ 10万 ⑤ 3220万 ⑥ 3330万

ポイント

1めもりが表す大きさをよみとりましょう。
上は1000，下は10万ごとに分けています。

28 一億までの数 数直線

▶▶▶本さつ29ページ

① ㋐ 3000 ㋑ 16000

② ㋒ 12800 ㋓ 13500

③ ㋔ 15000 ㋕ 40000

④ ㋖ 47万 ㋗ 62万

⑤ ㋘ 7210万 ㋙ 7280万

ポイント

いちばん小さいめもりが表す大きさは，
①1000，②100，③5000，④1万，⑤10万です。

29 一億までの数
10倍,100倍,1000倍した数 りかい

▶▶▶ 本さつ30ページ

1 ①

		7	2
	7	2	0
	百	十	一

720

②

		2	3	0
	2	3	0	0
	千	百	十	一

2300

2 ①

				1	5
			1	5	0
		1	5	0	0
	1	5	0	0	0
一万	千	百	十	一

100倍…1500
1000倍…15000

②

			3	8	2
		3	8	2	0
	3	8	2	0	0
3	8	2	0	0	0
十万	一万	千	百	十	一

100倍…38200
1000倍…382000

ポイント

ある数を10倍，100倍すると，位が1つずつ上がります。10倍のときは，もとの数の右に0を1こ，100倍のときは2こ，1000倍のときは3こつけます。

43 —10倍→ 430 —10倍→ 4300 —10倍→ 43000
   └──100倍──┘
   └──────1000倍──────┘

 30 一億までの数
10倍,100倍,1000倍した数 練習

▶▶▶ 本さつ31ページ

1 ①200　②450　③5910　④7200
2 ①8000, 80000　②4900, 49000
　③40000, 400000　④60800, 608000
　⑤100000, 1000000　⑥192000, 1920000

 31 一億までの数
10でわった数 りかい

▶▶▶ 本さつ32ページ

①

4	0	0
	4	0
百	十	一

40

②

7	2	0
	7	2
百	十	一

72

③

5	4	2	0
	5	4	2
千	百	十	一

542

④

6	8	0	1	0
	6	8	0	1
一万	千	百	十	一

6801

ポイント

一の位が0の数を10でわると，位が1つずつ下がります。もとの数の一の位にある0をとります。

320 —10でわる→ 32

 32 一億までの数
10でわった数 練習

▶▶▶ 本さつ33ページ

①6　　②12　　③30　　④56
⑤88　　⑥98　　⑦115　　⑧420
⑨609　　⑩1500

 33 一億までの数
大きな数の計算 りかい

▶▶▶ 本さつ34ページ

①110000　②430000　③60000
④180000　⑤10万　⑥81万　⑦8万
⑧84万

ポイント

0がたくさんある数のたし算・ひき算は，位をそろえて計算することが大切です。

```
  17000          3500
+  4000        +14600
  21000         18100
```

ここが ニガテ ‑‑‑‑‑‑‑‑‑

いちばんはじめの数字をそろえてしまうと，まちがいが出やすくなります。

```
 26000          26000
- 1300        -  1300
 13000 (×)      24700 (○)
```

 34 一億までの数
大きな数の計算 練習

▶▶▶ 本さつ35ページ

①11000　②130000　③23000
④60000　⑤17000　⑥11万
⑦53万　⑧3万　⑨13万　⑩64万

ここが ニガテ

①を110000，②を13000，のように，0が多かったり少なかったりするまちがいがよくあります。声に出してよんでみましょう。
千や万がついた数の計算は，千や万の前にある数のたし算，ひき算をします。
16万+7万＝（16+7）万＝23万
9千−4千＝（9−4）千＝5千

6

35 長さ
まきじゃく

▶▶▶本さつ36ページ

1 ①⑦ 68　　　　　④ 1, 5

②⑦ 2, 84　　　④ 3, 12

③⑦ 19, 76　　　④ 19, 98

2

ポイント

はじめに，〜mと書かれているところを見つけます。そこから後ろへ何cmなのか，前へ何cmなのかをよみとります。

 36 長さ
まきじゃく

▶▶▶本さつ37ページ

1 ①⑦ 1m13cm　　④ 1m45cm

②⑦ 9m82cm　　④ 10m14cm

③⑦ 3m75cm　　④ 4m11cm

2

 37 長さ
長い長さ

▶▶▶本さつ38ページ

① 1　　　　　② 1000, 1, 800

③ 1000, 1, 90　　④ 2000

⑤ 1000, 1100　　⑥ 2000, 2600

ポイント

1000m=1kmです。
1000mをこえるときは，○km△mのように表します。

38 長さ
長い長さ 練習

▶▶▶本さつ39ページ

① 3　　　② 1, 700　　③ 2, 200

④ 3, 60　　⑤ 1, 920　　⑥ 5000

⑦ 1400　　⑧ 3100　　⑨ 4050　　⑩ 9640

 39 長さ
長さの計算 りかい

▶▶▶本さつ40ページ

① 770　　② 1010, 1, 10　　③ 390

④ 1, 800　　⑤ 2, 300　　⑥ 1, 200

⑦ 1, 800　　⑧ 2, 900

ポイント

たんいがmどうしのときは，数字をたしたりひいたりして，mのたんいをつけます。
たし算で，mどうしをたして1000mをこえるときは，kmにくり上がります。
ひき算で，mどうしでひけないときは，1kmを1000mにしてからひきます。

1km100m−500m=1100m−500m
1000m+100m　　　=600m

40 長さ
長さの計算 練習

▶▶▶本さつ41ページ

① 1km　　② 2km　　③ 1km100m

④ 1km200m　　⑤ 1km900m　　⑥ 3km500m

⑦ 4km　　⑧ 1km200m　　⑨ 600m

⑩ 1km700m

ここが ニガテ

⑦ 3km1000mとはしません。1000mは1kmなので，(3+1)km=4kmです。

⑨ 1km300m=1300m　(1300−700)m
ひき算でmどうしがひけないときは，1kmを1000mにして，mどうしで計算します。

⑩ 1kmをmになおしてひき算するので，kmは2kmから1kmになります。

41 長さ
長さの計算 練習

▶▶▶本さつ42ページ

① 930m　　② 170m　　③ 650m

④ 3km900m　　⑤ 9km　　⑥ 6km50m

⑦ 3km80m　　⑧ 2km400m　　⑨ 700m

⑩ 2km660m

ここが ニガテ

⑩ 1060mを1km60mとして計算します。

42 長さ
長さの問題
 りかい

▶▶▶ 本さつ43ページ

①1,720　②1,600　③1350

おぼえよう 道のり　きょり

ポイント

道のりは，道にそってはかった長さなので，
①620m＋1100m＝1720m
②850m＋750m＝1600m
mが1000をこえたので，1000mを1kmで表します。

 43 長さ
長さの問題
練習

▶▶▶ 本さつ44ページ

①1,210　②1,850　③640
④1090

 44 長さのまとめ
トンネルの長さ

▶▶▶ 本さつ45ページ

 **45** 三角形
二等辺三角形
 りかい

▶▶▶ 本さつ46ページ

①④　②⑦

おぼえよう 二等辺三角形

ポイント

じょうぎやコンパスを使って，3つの辺のうち2つの辺の長さが等しいものをみつけます。

 46 三角形
二等辺三角形
練習

▶▶▶ 本さつ47ページ

①⑦，⑰　②⑰，⑪

 47 三角形
正三角形
りかい

▶▶▶ 本さつ48ページ

①④　②⑪

おぼえよう 正三角形

ポイント

三角形にはいろいろな形がありますが，正三角形は，3つの辺の長さがどれも等しい三角形のことです。

 48 三角形
正三角形
練習

▶▶▶ 本さつ49ページ

①⑰，⑪　②④，⑰

49 三角形
三角形のかき方
（りかい）

▶▶▶本さつ50ページ

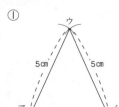
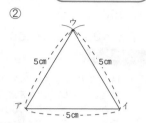

ポイント

コンパスのはりはしっかりと2つのちょう点をさします。それぞれ円をかき，円の交わった点と直線の両はしをむすびます。

50 三角形
三角形のかき方
（練 習）

▶▶▶本さつ51ページ

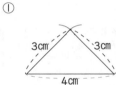
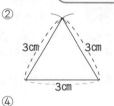
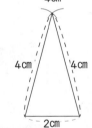
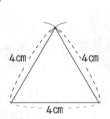

ポイント

はじめにじょうぎでどの辺をかいても，同じ三角形がかけます。向きがちがっていても，形は同じです。

51 三角形
角
（りかい）

▶▶▶本さつ52ページ

① ㋓ → ㋑ → ㋒ → ㋐

② ㋐ → ㋓ → ㋒ → ㋑

おぼえよう 角

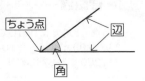

ポイント

2つの辺のひらき方が大きいほど，角は大きいです。

52 三角形
角
（練 習）

▶▶▶本さつ53ページ

① ㋓ → ㋑ → ㋐ → ㋒ → ㋔

② ㋑ → ㋓ → ㋐ → ㋒ → ㋔

③ ㋐ → ㋓ → ㋒ → ㋑ → ㋔

53 三角形
二等辺三角形と正三角形の角
（りかい）

▶▶▶本さつ54ページ

1 ①㋒　　②㋑，㋒　　③㋑

2 ①㋒　　②二等辺三角形

おぼえよう 二等辺三角形　　正三角形

54 三角形
二等辺三角形と正三角形の角
（練 習）

▶▶▶本さつ55ページ

1 ①㋑　　②㋒　　③㋐，㋑

　　④㋐　　⑤㋑，㋒

2 ①㋑　　②㋐，㋒

ポイント

2 ㋒のように二等辺三角形のじょうぎを2まいならべると，2つの辺の長さが等しく，2つの角の大きさも等しい大きな二等辺三角形になります。

55 三角形のまとめ
何が出るかな

▶▶▶ 本さつ56ページ

58 重さ
はかり

▶▶▶ 本さつ59ページ

①550　②360　③840

④1，400　⑤1，200

ポイント

はかりのいちばん小さいめもりがどれだけの重さを表しているかをまず考えます。
はかりには，いちばん小さいめもりが10gのものや100gのものなどがあります。

59 重さ
はかり

▶▶▶ 本さつ60ページ

①130g　②720g　③450g

④2kg200g　⑤3kg600g　⑥700g

⑦1kg160g　⑧40g

ポイント

はかりで，0の下に書いてある数が，そのはかりではかることのできるいちばん重い重さです。
①〜③は1000gまで，④，⑤は4kgまで，⑥，⑦は2kgまで，⑧は200gまではかれるはかりです。

56 重さ
重さのたんい

▶▶▶ 本さつ57ページ

1 ①15　②24

2 ①1000，1400　②80，2080

③700，1，700

おぼえよう g　kg　1000

ポイント

11円玉は1こ1gなので，1円玉10ことつりあう物は10gです。

60 重さ
重さの計算

▶▶▶ 本さつ61ページ

①500　②1300，1，300　③200

④500　⑤2200，2，200　⑥2，300

⑦3，200

ポイント

同じたんいのときは，そのままたしたりひいたりします。たした答えが1000gをこえたときは，1000gを1kgになおし，のこりをgで表します。
　900g＋800g＝1700g＝1kg700g
kgとgのひき算で，gどうしでひけないときは，1kgを1000gになおしてからひきます。
1kg100g−300g＝1100g−300g＝800g

ここが ニガテ

④1kgを1000gになおして計算します。
⑦2kg1200gは，gが1000gをこえたので，3kg200gとなおします。

57 重さ
重さのたんい

▶▶▶ 本さつ58ページ

1 ①34　②72

2 ①1900　②2180　③5000

④1，100　⑤6，450　⑥8，50

10

61 重さ
重さの計算
▶▶▶ 本さつ62ページ

①900g　②2kg　③2kg900g

④4kg100g　⑤750g　⑥1kg100g

⑦1kg100g　⑧900g　⑨1kg600g

⑩1kg400g

 ここが ニガテ

kgどうし，gどうしのたし算をしますが，gが1000gをこえたらkgになおすことをわすれないようにしましょう。

④2kg300g＋1kg800g＝3kg1100g
　　　　　　　　　　　　＝4kg100g

⑨3kg－1kg400g＝3000g－1400g＝1600g
　　　　　　　　　　　　＝1kg600g

62 メートル法
長さ・重さ・かさのたんい
 りかい

▶▶▶ 本さつ63ページ

①100，100　　②1000，1000

③1000，1000　　④1000，1000

⑤1000，1000

おぼえよう

m(ミリ)	c(センチ)	d(デシ)		k(キロ)
1mm	1cm		1m	1km
			1g	1kg
1mL		1dL	1L	

ポイント

1mmの10倍が1cm，1cmの100倍が1m，1mの1000倍が1kmです。1gの1000倍が1kg，1kgの1000倍が1tです。1mLの100倍が1dL，1dLの10倍が1L，1mLの1000倍が1Lです。たんいの前にk(キロ)がつくと1000倍になります。

63 メートル法
長さ・重さ・かさのたんい
 練習

▶▶▶ 本さつ64ページ

1　①10，10　　②10，10　　③100，100

2　あ10　　い100　　う1000　　え1000

　お1000　　か100　　き10

64 重さのまとめ
重さくらべ
▶▶▶ 本さつ65ページ

勉強した日　月　日

64 重さのまとめ
重さくらべ
▶▶▶ 答えはべっさつ11ページ

4つのリンゴがあります。
図のように，てんびんで2つずつ重さをくらべました。
重いじゅんにりんごの番号をならべましょう。

重いじゅんに　3 → 1 → 4 → 2

65

65 小数
小数の表し方
りかい

▶▶▶ 本さつ66ページ

1　①0.2　　②1.6

2　⑦2.3　　①7.6

おぼえよう　小数　小数点　小数第一位

ポイント

1Lを10等分した1つ分のかさを0.1L，1cmを10等分した1つ分の長さを0.1cmと表します。

66 小数
小数の表し方
練習

▶▶▶ 本さつ67ページ

1　①0.3L　　②0.8L　　③1.1L

　④1.5L　　⑤2.7L

2　⑦0.9cm　　①3.3cm　　⑦4.4cm

　①6.1cm　　⑦10.2cm

67 小数　小数の大きさ　りかい
▶▶▶ 本さつ68ページ

1 ① 3，2　　② 1，0.1　　③ 0.4

④ 2.7　　⑤ 1.5

2 ① ＞　　② ＜

ポイント

1 ①，② 3.2の3や4.9の4は一の位（くらい）の数字，3.2の2や4.9の9は小数第一位（だいいちい）の数字です。小数点の右の数字は0.1が何こあるかを表しています。

2 不等号（ふとうごう）は，2つの数をくらべたときに，大きい数のほうにひらきます。

3.3＜3.5　　6.8＞5.9

68 小数　小数の大きさ　練習
▶▶▶ 本さつ69ページ

1 ① 4，2，42　　② 2.8　　③ 18　　④ 50

2 ① ＞　　② ＜　　③ ＞　　④ ＞

⑤ ＜　　⑥ ＞　　⑦ ＜　　⑧ ＞

69 小数　小数と数直線　りかい
▶▶▶ 本さつ70ページ

1 ① 0.1　　⑦ 0.3　　① 1.5　　⑦ 2.8

2

ポイント

数直線では，いちばん小さいめもりが表している数の大きさがいくつなのかをよみとります。

1 ① 1と0.1のめもりが5つ分を表しています。

⑦ 2と0.1のめもりが8つ分を表しています。

70 小数　小数と数直線　練習
▶▶▶ 本さつ71ページ

1 ⑦ 0.1　　① 0.6　　⑦ 1.1　　① 1.8

⑦ 2.3　　⑦ 2.9

2 ⑦ 7.9　　⑦ 8.6　　⑦ 9.2　　① 9.5

3

71 小数　小数のいろいろな表し方　りかい
▶▶▶ 本さつ72ページ

① 0.7　　② 0.3　　③ 7　　④ 17

ポイント

① 1.7＝1＋0.7と考えます。

② 1.7＝2－0.3と考えます。

④ 0.1を10こ集めると1，17こ集めると1.7

ここが ニガテ

① 1.7の7は小数第一位（だいいちい）なので，0.1が7こ集まった0.7を表（あらわ）しています。

② 1.7は2より数直線の小さいめもりで3つ前ですが，3小さいのではなく，0.3小さいのだということにちゅういしましょう。

72 小数　小数のいろいろな表し方　練習
▶▶▶ 本さつ73ページ

1 ① 0.4　　② 0.6　　③ 4　　④ 24

2 ① 0.8　　② 0.2　　③ 38

ここが ニガテ

2 ① 3.8の8は，0.8を表（あらわ）していることをわすれないようにしましょう。

③ 0.1が30こ集まると3です。のこりは0.8ですから，0.1が8こ分です。

73 分数
分数の表し方
▶▶▶ 本さつ74ページ

1 ① $\frac{1}{4}$　　② $\frac{1}{3}$　　**2** ① $\frac{1}{6}$　　② $\frac{2}{5}$

おぼえよう 分数　分母　分子

ポイント

同じ長さに分けることを等分といい，1mを5等分した1こ分を $\frac{1}{5}$ m，2こ分を $\frac{2}{5}$ mと表します。

74 分数
分数の表し方 練習
▶▶▶ 本さつ75ページ

1 ① $\frac{2}{3}$ m　② $\frac{1}{4}$ m　③ $\frac{2}{5}$ m　④ $\frac{7}{10}$ m

2 ① $\frac{1}{2}$ L　② $\frac{3}{5}$ L　③ $\frac{3}{4}$ L　④ $\frac{7}{10}$ L

75 分数
分数の大きさ
▶▶▶ 本さつ76ページ

1 数直線の左から… $\frac{2}{4}$, $\frac{3}{4}$, $\frac{4}{4}$, $\frac{5}{4}$, $\frac{7}{4}$, $\frac{8}{4}$

$\frac{1}{4}$, $\frac{6}{4}$, $\frac{4}{4}$, 2

2 ⑦ $\frac{2}{5}$　　① $\frac{6}{5}$　　⑦ $\frac{9}{5}$

ポイント

分母と分子が同じ数の分数 $\frac{4}{4}$, $\frac{5}{5}$, $\frac{10}{10}$ などは1と同じ大きさです。

76 分数
分数の大きさ 練習
▶▶▶ 本さつ77ページ

1 数直線の左から… $\frac{1}{5}$, $\frac{4}{5}$, $\frac{5}{5}$, $\frac{8}{5}$, $\frac{10}{5}$

① 3こ分　　② $\frac{6}{5}$

2 ⑦ $\frac{3}{10}$　① $\frac{9}{10}$　⑦ $\frac{13}{10}$　⑤ $\frac{5}{6}$

⑦ $\frac{6}{6}$　⑦ $\frac{11}{6}$

77 分数
分数の大小
▶▶▶ 本さつ78ページ

1 4，5，$\frac{5}{7}$

2 ① ＜　　② ＞　　③ ＜　　④ ＞

ポイント

分数の大きさをくらべるとき，数直線では右にあるほうが大きいです。分数どうしでは，等分した1こ分の数が多いほど大きいです。

1や2などの整数は $\frac{5}{5}$，$\frac{10}{5}$ のように分数になおすと，くらべやすいです。

78 分数
分数の大小 練習
▶▶▶ 本さつ79ページ

1 ① 5こ分　② $\frac{7}{9}$ m　③ 9こ分　④ 1m

⑤ $\frac{10}{9}$ m

2 ① ＜　　② ＞　　③ ＜　　④ ＞

⑤ ＝　　⑥ ＞

79 分数
分数と小数
▶▶▶ 本さつ80ページ

① ＝　　② ＜　　③ ＜　　④ ＝

⑤ ＜　　⑥ ＞

おぼえよう $\frac{1}{10}$　　0.1

ポイント

$\frac{1}{10}$ と0.1は同じ大きさです。

分数と小数の大きさをくらべるときは，分数どうしか，小数どうしにして考えると，まちがいが少なくなります。

ここが ニガテ

⑥1.1は0.1の11こ分の大きさを表しています。また，$\frac{1}{10}$ の11こ分の大きさを表しています。

小数どうしでくらべると……1.1＞0.1

分数どうしでくらべると…… $\frac{11}{10}$ ＞ $\frac{1}{10}$

13

分数
分数と小数
 練習
>>> 本さつ81ページ

① < ② = ③ < ④ >
⑤ > ⑥ > ⑦ < ⑧ >
⑨ = ⑩ < ⑪ < ⑫ >
⑬ > ⑭ > ⑮ < ⑯ >
⑰ > ⑱ > ⑲ > ⑳ =

ここが ニガテ

⑪0.9を分数にすると$\frac{9}{10}$ ⑫$\frac{5}{10}$を小数にすると
0.5
⑭$\frac{15}{10}$を小数にすると1.5
⑰1.1を分数にすると$\frac{11}{10}$
分数どうしか，小数どうしにすると，大きさが
くらべやすいです。

---

81 □を使った式
□を使った式①
 りかい
>>> 本さつ82ページ

1 ①12 ②25，13
2 34

ポイント

1 □を使ってたし算の式をつくります。何を□
にするかは問題をよく読んできめます。
□の数をもとめるには，ひき算を使います。
10+□=16 □+13=20
□=16−10 □=20−13
=6 =7

2 □を使ってひき算の式をつくります。
□の数をもとめるには，□の場所によって，た
し算かひき算を使います。
□−7=9 18−□=12
□=9+7 □=18−12
=16 =6

---

82 □を使った式
□を使った式①
 練習
>>> 本さつ83ページ

1 ①□+30=95 ②65
2 ①82−□=44 ②38

 □を使った式
□を使った式②
りかい
>>> 本さつ84ページ

1 ①4 ②48，4，12
2 54

ポイント

1 □を使ってかけ算の式をつくります。
□の数をもとめるには，わり算を使います。
□×4=12 7×□=35
□=12÷4 □=35÷7
=3 =5

2 □を使ってわり算の式をつくります。
□の数をもとめるには，□の場所によって，か
け算かわり算を使います。
□÷6=3 20÷□=5
□=3×6 □=20÷5
=18 =4

---

84 □を使った式
□を使った式②
 練習
>>> 本さつ85ページ

1 ①□×6=42 ②7
2 ①□÷8=9 ②72

---

85 □を使った式
□を使った式②
 練習
>>> 本さつ86ページ

1 ①□×4=20 ②5
2 ①3×□=96 ②32
3 ①□÷7=6 ②42

86 □を使った式のまとめ
つれなかったのはどの魚？

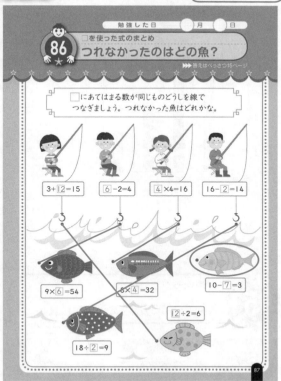

88 表やぼうグラフ
表

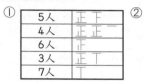

①
5人	正下
4人	正 正一
6人	正
3人	正下
7人	丁

②
家ぞく	人数（人）
4人	11
5人	8
3人	7
6人	4
7人	2
合計	32

③4人

89 表やぼうグラフ
表のくふう

「りかい」

①38, 36, 37

②
しゅるい＼組	1組	2組	3組	合計
ものがたり	17	14	13	44
理科の本	6	9	11	26
れきし	10	5	9	24
スポーツ	5	8	4	17
合計	38	36	37	111

③26人

④ものがたり

ポイント

いくつもの表を1つの表にまとめると，全体のようすがわかります。
さい後にかならず合計が合っているかをたしかめます。

87 表やぼうグラフ
表

「りかい」

①
いぬ	正 正
きんぎょ	正
ねこ	正 一
うさぎ	丁
ことり	丁
かめ	一

②
しゅるい	人数（人）
いぬ	10
きんぎょ	4
ねこ	6
うさぎ	2
ことり	2
かめ	1
合計	25

③いぬ

ポイント

数えわすれのないようにします。
数えたものには，しるしなどをつけて同じものを2回数えないようにします。
図の数と表の合計が同じになっているかをたしかめます。

90 表やぼうグラフ
表のくふう

「練習」

①
組＼曜日	月	火	水	木	金	合計
1組	3	2	2	1	0	8
2組	2	1	3	3	1	10
3組	0	1	2	3	1	7
4組	2	2	2	0	1	7
合計	7	6	7	7	5	32

②2組

③金曜日

91 表やぼうグラフ
ぼうグラフ① りかい

▶▶▶本さつ92ページ

1 ①1人　　②いぬ…12人　　とり…5人
ねこ…9人　　きんぎょ…3人

2 ①2人，8人　②10L，50L
③50m，250m

ポイント
ぼうグラフをよみとるには，たてのじくの小さい
めもりがどれだけの大きさを表しているかを考
えましょう。

92 表やぼうグラフ
ぼうグラフ① 練習

▶▶▶本さつ93ページ

1 ①2人　　②りんご…22人　　もも…16人
なし…10人　　いちご…18人

2 ①20円，80円　　②10人，70人
③200g，1400g

93 表やぼうグラフ
ぼうグラフ② りかい

▶▶▶本さつ94ページ

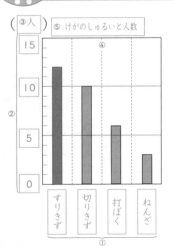

ポイント
たてのじくは，表の人数のいちばん多い数にあわ
せてきめます。1めもりの大きさは，グラフが見
やすい数にきめて，同じかんかくでめもりをつけ
ます。

94 表やぼうグラフ
ぼうグラフ② 練習

▶▶▶本さつ95ページ

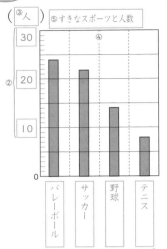

95 表やぼうグラフのまとめ
きよしさんがかりた本をさがせ！

▶▶▶本さつ96ページ

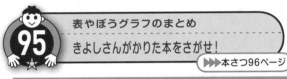